"十三五"
国家重点出版物出版规划项目
现代航空制导炸弹设计与工程

国之重器出版工程
国防现代化建设

制导炸弹战斗部设计

Design of Guided Bomb Warhead

刘林海 李海杰 黄民荣 潘 琴 任延超 编著

西北工业大学出版社
西安

【内容简介】 本书从理论和实践结合的角度出发,结合工程实践对制导炸弹战斗部的相关设计经验进行总结。全书分为 7 章,内容主要包括制导炸弹的爆破战斗部设计、杀爆战斗部设计、动能侵彻战斗部设计、子母战斗部设计、航空子弹药和特种战斗部设计等。其基本原理和分析处理工程技术问题的方法具有普遍意义,对其他武器系统战斗部设计也具有一定的适用性和参考价值。

本书可供从事相关专业的工程技术人员和管理人员阅读,也可供相关专业的读者和高等学校师生参考。

图书在版编目(CIP)数据

制导炸弹战斗部设计 / 刘林海等编著. — 西安 :
西北工业大学出版社,2022.3
ISBN 978 - 7 - 5612 - 8116 - 1

Ⅰ.①制… Ⅱ.①刘… Ⅲ.①制导炸弹-战斗部-设计 Ⅳ.①TJ414

中国版本图书馆 CIP 数据核字(2022)第 184731 号

ZHIDAO ZHADAN ZHANDOUBU SHEJI

制 导 炸 弹 战 斗 部 设 计

刘林海 李海杰 黄民荣 潘琴 任延超 编著

责任编辑:朱辰浩		策划编辑:杨 军	
责任校对:朱晓娟 董珊珊		装帧设计:李 飞	

出版发行:西北工业大学出版社
通信地址:西安市友谊西路 127 号　　　邮编:710072
电　　话:(029)88491757,88493844
网　　址:www.nwpup.com
印 刷 者:西安五星印刷有限公司
开　　本:720 mm×1 020 mm　　1/16
印　　张:14.75
字　　数:289 千字
版　　次:2022 年 3 月第 1 版　　2022 年 3 月第 1 次印刷
书　　号:ISBN 978 - 7 - 5612 - 8116 - 1
定　　价:88.00 元

如有印装问题请与出版社联系调换

专家委员会委员（按姓氏笔画排列）：

于　全　中国工程院院士

王　越　中国科学院院士、中国工程院院士

王小谟　中国工程院院士

王少萍　"长江学者奖励计划"特聘教授

王建民　清华大学软件学院院长

王哲荣　中国工程院院士

尤肖虎　"长江学者奖励计划"特聘教授

邓玉林　国际宇航科学院院士

邓宗全　中国工程院院士

甘晓华　中国工程院院士

叶培建　人民科学家、中国科学院院士

朱英富　中国工程院院士

朵英贤　中国工程院院士

邬贺铨　中国工程院院士

刘大响　中国工程院院士

刘辛军　"长江学者奖励计划"特聘教授

刘怡昕　中国工程院院士

刘韵洁　中国工程院院士

孙逢春　中国工程院院士

苏东林　中国工程院院士

苏彦庆　"长江学者奖励计划"特聘教授

苏哲子　中国工程院院士

李寿平　国际宇航科学院院士

李伯虎	中国工程院院士
李应红	中国科学院院士
李春明	中国兵器工业集团首席专家
李莹辉	国际宇航科学院院士
李得天	国际宇航科学院院士
李新亚	国家制造强国建设战略咨询委员会委员、中国机械工业联合会副会长
杨绍卿	中国工程院院士
杨德森	中国工程院院士
吴伟仁	中国工程院院士
宋爱国	国家杰出青年科学基金获得者
张　彦	电气电子工程师学会会士、英国工程技术学会会士
张宏科	北京交通大学下一代互联网互联设备国家工程实验室主任
陆　军	中国工程院院士
陆建勋	中国工程院院士
陆燕荪	国家制造强国建设战略咨询委员会委员、原机械工业部副部长
陈　谋	国家杰出青年科学基金获得者
陈一坚	中国工程院院士
陈懋章	中国工程院院士
金东寒	中国工程院院士
周立伟	中国工程院院士

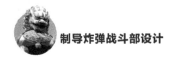

郑纬民　中国科学院院士

郑建华　中国科学院院士

屈贤明　国家制造强国建设战略咨询委员会委员、工业
　　　　和信息化部智能制造专家咨询委员会副主任

项昌乐　中国工程院院士

赵沁平　中国工程院院士

郝　跃　中国科学院院士

柳百成　中国工程院院士

段海滨　"长江学者奖励计划"特聘教授

侯增广　国家杰出青年科学基金获得者

闻雪友　中国工程院院士

姜会林　中国工程院院士

徐德民　中国工程院院士

唐长红　中国工程院院士

黄　维　中国科学院院士

黄卫东　"长江学者奖励计划"特聘教授

黄先祥　中国工程院院士

康　锐　"长江学者奖励计划"特聘教授

董景辰　工业和信息化部智能制造专家咨询委员会委员

焦宗夏　"长江学者奖励计划"特聘教授

谭春林　航天系统开发总师

《现代航空制导炸弹设计与工程》

编 纂 委 员 会

主　　任：王兴治

副 主 任：

　　樊会涛　尹　健　王仕成　何国强　岳曾敬

　　郑吉兵　刘永超

编　　委（按姓氏笔画排列）：

　　马　辉　王仕成　王兴治　尹　健　邓跃明

　　卢　俊　朱学平　刘兴堂　刘林海　刘剑霄

　　杜　冲　李　斌　杨　军　何　恒　何国强

　　吴催生　陈　军　陈　明　欧旭晖　岳曾敬

　　胡卫华　施浒立　贺　庆　高秀花　谢里阳

　　管茂桥　樊会涛　樊富友

总 主 编：杨　军

执行主编：

　　杨　军　刘兴堂　胡卫华　樊富友　谢里阳

　　何　恒　施浒立　欧旭晖　陈　军　刘林海

　　袁　博　邓跃明

前　言

　　制导炸弹的设计与研制是一项复杂的系统工程,其最终的目的是将战斗部准确地作用于目标上,对目标的最终毁伤效果起到关键的作用。先进的战斗部设计对武器系统的综合效能、研制经费和进度往往起到重要的作用,是制导炸弹设计的重要内容,是一项综合性很强的工作,制导炸弹战斗部设计在制导炸弹的设计与研制过程中具有非常重要的地位和作用。随着制导炸弹在现代战争中地位越来越重要,迫切需要对制导炸弹战斗部设计进行全面的总结。由于国内尚没有专门介绍制导炸弹战斗部设计的书籍,所以本书的出版将有助于弥补这方面的不足,同时对于制导炸弹的设计与研制有一定的参考价值。

　　制导炸弹的发展始于第二次世界大战后期,经过数十年的发展,制导炸弹已成为空地精确打击的主力装备,美国、俄罗斯等军事强国已经研制装备了数十种类型的制导炸弹。制导炸弹具有以下显著的优点:①与导弹相比结构简单、成本低廉,具有较高的性价比;②战斗部有效载荷可达总质量的80%,毁伤威力显著大于同等质量的导弹;③与普通炸弹相比,命中率高,精度可达米级。在近年历次局部战争中,制导炸弹占弹药投放总量的比例呈显著上升的趋势:海湾战争中占6.8%,科索沃战争中占35%,阿富汗战争中占60.4%,而伊拉克战争中已达到近70%。

　　制导炸弹战斗部分系统是制导炸弹的有效载荷,是实现对目标高效毁伤的基础,其威力大小决定了制导炸弹的武器系统性能。根据作战任务的需要,武器系统将与预定打击目标相匹配的战斗部运送至预定的位置,引信探测目标,在合适的时机可靠地产生信号,引战系统爆炸序列顺序作用,使战斗部内部的装药爆

炸，主装药与弹体等其他部分一起形成各类的毁伤元，对目标产生预定的毁伤效果。

先进装备的研制离不开理论的指导，本书是一部系统全面介绍制导炸弹战斗部设计与效能分析的书籍，以工程应用为主，力求体现工程的系统性、完整性和实用性，是湖南云箭集团有限公司和笔者多年心血凝结的结果。

本书共分为 7 章，第 1 章介绍制导炸弹战斗部的定义及分类、发展现状、研制程序和内容，以及战斗部设计特点、发展趋势等；第 2 章介绍爆破战斗部的发展及设计原理；第 3 章介绍杀爆战斗部的分类、设计方法及威力试验方法；第 4 章介绍动能侵彻战斗部的发展现状、结构设计、威力分析以及试验方法；第 5 章介绍子母战斗部的发展现状、开舱抛撒及试验等；第 6 章介绍航空子弹药的发展现状、设计理念方法等；第 7 章介绍特种战斗部的发展现状、设计思路以及试验方法等，包括聚能战斗部、串联侵彻战斗部和云爆战斗部等。

本书第 1 章由刘林海编写，第 2 章由李海杰、凌万春编写，第 3 章由龚杰、李朋辉编写，第 4 章由潘琴、任延超编写，第 5 章由刘开国、吴天勇编写，第 6 章由黄仁辉、刘艳君编写，第 7 章 7.1 节由王芳、程剑编写，7.2 节由黄民荣、李航编写，7.3 节由步磊、张纲编写，吴凡达、熊冰、丁俊文等人也参与了编写工作，全书由李航、李朋辉统稿。

在本书的编写过程中，曾参阅了相关文献、资料，除书中标明之外，还有一些没有标出。在此，对其作者、专家表示衷心的感谢。

由于笔者水平有限，书中难免有不妥之处，敬请读者和专家批评指正。

编著者

2021 年 12 月

目　录

第 1 章

概　述

制导炸弹的发展始于第二次世界大战（以下简称"二战"）后期，德国在二战后期率先发明并使用了制导炸弹。经过数十年的发展和创新，制导炸弹在种类和技术等方面均取得了长足的进步。美国、俄罗斯等军事强国已经装备了数十种类型的制导炸弹，而一些军事实力相对较弱的国家也在积极研发并装备制导炸弹。制导炸弹作为介于普通炸弹和导弹之间的弹种，与导弹相比，主要区别在于制导炸弹自身无动力系统，需借助飞机或其他平台投掷，通过制导控制系统飞向目标，而导弹则是依靠自身的动力系统，通过制导、控制系统飞向目标；与普通炸弹相比，它可以更精确地命中目标要害部位，可用于对人口稠密区内的军事目标实施精确打击，既避免毁伤其他民用设施，又可控制战争规模。制导炸弹具有以下优点：①与导弹相比，结构简单、成本低廉，适于大量装备、使用；战斗部比例大，有效载荷可达总质量的 80%，明显高于导弹，具备更大的毁伤威力。②与普通炸弹相比，命中率高，精度可达米级。

由于制导炸弹独特的优点，所以其被广泛用于现代战争，是战斗轰炸机、强击机等空中力量对地（海）面建筑物、桥梁、指挥所、机场跑道、雷打阵地、水面舰艇等多种军用目标实施精确打击的重要手段，已成为世界上装备规模最大、使用数量最多的精确制导武器。在近年历次局部战争中，制导炸弹占弹药投放总量的比例呈显著上升的趋势：海湾战争中占 6.8%，科索沃战争中占 35%，阿富汗战争中占 60.4%，而伊拉克战争中已达到近 70%，使制导炸弹成为了战争的"宠儿"。

制导炸弹具有以下特点：

(1)精度高。制导炸弹的精度比普通炸弹高得多，如美军"宝石路"型制导炸

弹的 CEP 为 3.5 m 左右。

(2)效费比高。制导炸弹与普通炸弹相比,虽然成本有所增加,但比导弹的价格要低得多(美军一枚"战斧"巡航导弹的价格是 75 万美元,而一枚 JDAM 制导炸弹的价格只有 1.8 万美元)。在作战效果基本相同的条件下,使用机载制导炸弹效费比更高。

(3)可实现防区外发射。普通炸弹的命中精度主要受载机飞行高度与速度、飞行姿态、战场气象条件等的影响。为了达到预期的命中精度,要求载机低空近距离投掷,载机安全受到严重威胁。制导炸弹可利用弹上探测系统提供的目标信息,控制或修正弹道误差,命中目标,对于增程型制导炸弹而言,射程更远,可在敌方防御火力圈之外实现远距离攻击目标,更利于保护载机安全。

(4)使用范围广。制导炸弹能使用多种战斗部,以满足打击不同性质目标的需要,既可摧毁硬目标,又可实现软杀伤。

随着我国从"陆地强国"向"海洋强国"的战略目标转变,制导炸弹适用于空海一体化作战,是将来发展的一大趋势,拓宽了制导炸弹的使用范围,前景广阔。但我国制导炸弹的整体发展水平与国外主要军事强国,特别是与美国相比还有一定的差距。美国制导炸弹领域的前沿技术研究始终处于全球领先地位,不断有新的概念提出,如网络协同作战、仿生技术、新型含能材料等,引领着弹药研究革命性地发展,值得深入研究、分析和借鉴。

随着制导炸弹技术的发展,制导炸弹总体设计的内容也随之改变。创新是一个时代的主体,制导炸弹设计的革新关键在于创新思想的应用。如何将成熟的理论应用于工程实际,并且在应用过程中发现问题、解决问题、不断革新,才能从根本上推动制导炸弹的发展,为使我国制导炸弹水平达到国际先进水平,做出应有的贡献。

1.1 制导炸弹战斗部的定义及分类

1.1.1 制导炸弹战斗部的定义

制导炸弹战斗部是制导炸弹的有效载荷,作为制导炸弹的一个舱段,对目标实施有效毁伤。

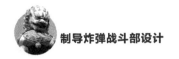

1.1.2 制导炸弹战斗部的分类

当前,制导炸弹战斗部已发展成一个大家族。按照战斗部结构及打击目标角度区分,制导炸弹战斗部可分为整体式战斗部和子母式战斗部。其中整体式战斗部又主要包括爆破战斗部、杀爆战斗部、侵彻战斗部、聚能战斗部和云爆战斗部等,如图 1-1 所示。

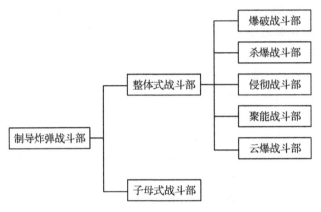

图 1-1 制导炸弹战斗部分类

1.整体式战斗部

整体式战斗部主要由壳体和高能炸药组成,主要用于打击地面建筑、坦克、装甲车辆、地下指挥控制中心等点目标,图 1-2 为配装整体式战斗部的"宝石路"激光制导炸弹。

图 1-2 配装整体式战斗部的"宝石路"激光制导炸弹

2.子母式战斗部

子母式战斗部是指装填多个相同或不同类型的子弹药,并在预定的抛射点开舱,将子弹药抛撒出来,形成较大毁伤面积的一类武器,其杀伤面积可达数千平方米,如图1-3所示。其常配装于各种制导炸弹、中近程战术导弹、布撒器、火箭弹和炮弹等,用于毁伤典型面目标,如机场跑道及停机坪上的飞机、导弹技术阵地和兵力集结地等。

图1-3　JSOW制导炸弹子母式战斗部的抛撒过程

|1.2　制导炸弹战斗部的地位和作用|

制导炸弹战斗部是制导炸弹的有效载荷,是直接完成预定战斗和毁伤任务的子系统;根据作战任务的需要,武器系统将与预定打击目标相匹配的战斗部运送至预定的位置,引信探测目标,在合适的时机可靠地产生信号,引战系统爆炸序列顺序作用,使战斗部内部的装药爆炸,主装药与弹体等其他部分一起形成各类的毁伤元,对目标产生预定的毁伤效果。

战斗部在制导炸弹武器系统中具有重要意义。一方面来说,无论是各种传感器探测识别目标,还是制导炸弹在惯性传感器件及执行机构作用下的受控飞行,其任务最终都是为了有效地毁伤目标。另一方面来说,战斗部具有一定威力,可以弥补制导控制系统的制导误差。以杀爆战斗部为例,如果不配置战斗部攻击地面,仅能形成略大于弹径的弹坑,若配置了杀爆战斗部,在近炸引信的作用下,可以形成上千平方米的杀伤面积。

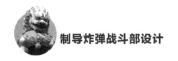

|1.3 制导炸弹战斗部的发展概述|

1.二战后现代制导炸弹战斗部的出现

20世纪50年代,为满足高速飞机外挂使用,美国研制了MK80系列爆破炸弹,美国陆海空三军广泛装备使用,也是现有各型制导炸弹改进发展的基本弹型。目前已装备多个国家和地区。

MK80系列爆破炸弹的有效载荷为MK80系列爆破战斗部(见图1-4)。其主要特点为采用流线型的外形,从而可获得更低的外挂气动阻力。其战斗部针对打击地面目标设计,所谓爆破的概念主要包括主装炸药爆炸形成的爆炸作用和弹体在爆炸载荷作用下形成自然破片的杀伤效应。

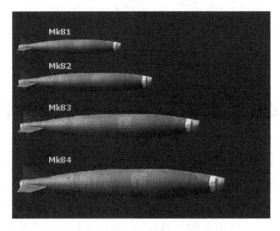

图1-4 MK80系列爆破战斗部

为提高航空炸弹的毁伤威力,美国、苏联开展了云爆炸弹的研制工作。CBU-55/B航空云爆炸弹是世界上第一型云爆炸弹(见图1-5),在越南战争中首次使用,对航空炸弹装备发展产生了重大影响。云爆炸弹主要应用云雾爆轰对目标产生高效毁伤,其战斗部本身装填不具备爆轰条件的燃料,但在爆炸动载荷的作用下可与空气混合形成满足爆轰条件的燃料空气炸药(Fuel Air Explosive,FAE)云雾,由引信起爆FAE云雾实现爆轰,可实现4~6倍的TNT当量的威力。

图 1-5　美国 CBU-55/B 航空云爆炸弹

2.制导炸弹动能侵彻战斗部的发展

随着制导弹药精度的进一步提高与终点毁伤能力的提升,战场高价值目标的防护技术也得到了显著发展。就军事指挥中心、通信控制中心、导弹发射井、高价值的武器库等高价值地面固定目标而言,地下深埋化布置是提高其战场生存能力最有效的技术手段。如何有效地实现对此类目标的打击,是在战争中抑制对方进攻、夺取战场主动权的关键。因此,反深层硬目标航空弹药,尤其是实现对深层硬目标高效毁伤的战斗部技术一直是各国发展的重点。目前,反深层硬目标航空弹药战斗部按照作用原理可以分为动能侵彻型、串联侵彻型以及新概念型。

为解决普通炸弹在打击硬目标时侵彻能力不足与终点跳飞问题,美国于 20世纪八九十年代研制了 BLU-109/B 战斗部(见图 1-6)。该弹体结构细长,壳体采用优质炮管钢一次锻造而成,材料为 4340 合金钢,壳体厚度约为 25 mm,在尺寸和形状上类似于 MK84 炸弹,但壳体材料强度明显高于后者,内装填242.9 kg 的 Tritonal 炸药或 PBXN-109 炸药。BLU-109/B 没有弹头引信,通常采用安装在尾部的 FMU-143A/B 机电引信,与装在弹体上表面保险执行机构腔内的 FZU-32B/B 引信启动器相连。利用伸缩式电缆,引信及其启动器与引信室和保险执行机构腔的加载导管连接在一起,该引信解除保险的时间为 5.5～12 s,引信雷管延期时间为 60 ms,采用 Tetryl 传爆药柱。目前,BLU-109/B 可作为联合空地防区外导弹的侵彻战斗部,也可作为"宝石路"系列和"杰达姆(JDAM)"系列制导炸弹的战斗部。

图1-6　美国BLU-109/B战斗部

　　JSOW之类的远距离滑翔类制导炸弹的巡航速度与巡航导弹基本相同,其飞行速度低于高空投放直接攻击的制导炸弹,而且在弹道终点难以拉起俯冲调整落地角度,因此限制了其装填动能侵彻战斗部的能力。

　　20世纪90年代,为了使巡航导弹等滑翔类平台具备一定的侵彻能力,英国开发了BROACH(Bomb Royal Ornance Augmented Charged),采用了串联战斗部技术以提高滑翔类武器平台的侵彻能力。其技术途径是通过前级聚能战斗部对硬目标进行预开孔毁伤,显著降低了后级战斗部着角和攻角的限制,提高了侵彻能力,扩展了作战使用限制,配用于JSOW-C中的BROACH战斗部的基本组成图如图1-7所示。

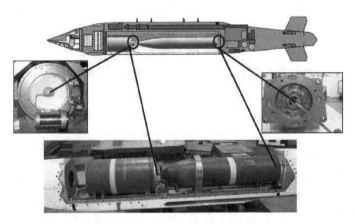

图1-7　配用于JSOW-C中的BROACH战斗部的基本组成图

　　BROACH之类的串联战斗部的一个显著特征就是前级战斗部的直径远大于后级动能侵彻战斗部,因此有利于形成大的侵彻预开孔,便于后级的顺利随进。

　　BROACH战斗部首先被配装于欧洲"风暴阴影"巡航导弹。除英国-法国"风暴阴影"巡航导弹外,BROACH战斗部和多用途引信系统也配备在美国AGM-154C联合防区外武器、第二代/第三代"宝石路"激光制导炸弹、AGM-129、战斧(Tomahawk)巡航导弹以及AGM-84鱼叉导弹等弹药上。

3.制导炸弹不敏感战斗部的发展

武器弹药在受到外界刺激后造成的惨痛事件屡屡发生。在二战及后来的英阿马岛之战中,被击沉的军舰多因舰载弹药被引爆所致。1967 年 7 月停泊在东京湾基地的美国"福莱斯特"号航空母舰,由于甲板上一枚机载火箭的意外点火引起火灾和爆炸,致使 134 名海员丧生。西方国家在 20 世纪 70 年代提出了不敏感弹药的概念,研制了一系列的不敏感战斗部,取得了长足的进步,图 1-8 为 SDB 小直径炸弹快烤试验典型场景。

图 1-8　SDB 小直径炸弹快烤试验典型场景

4.近期多功能战斗部与重型战斗部的发展

美国为 GBU-53/B SDB2 制导炸弹(见图 1-9)研制了新型多功能战斗部,通用动力 OTS 公司负责该多效聚能杀伤爆破战斗部的研制。其聚能装药主要用于攻击重型装甲,战斗部壳体为内部刻槽结构,可形成近 4 000 个高速碎片攻击地面软目标。弹上使用的多功能可编程引信由 KDI 公司提供。据报道该型战斗部可以减少附带损伤,这可能是由于通过预控破片技术避免了飞散距离较远的大破片的出现,也可能是战斗部为小型战斗部,本身的附带毁伤较小。

图 1-9　GBU-53/B SDB2 制导炸弹

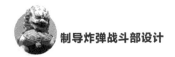

在伊拉克战争期间，美国研制出 MOAB(Massive Ordnance Air Blast)巨型爆破炸弹 GBU-43/B，如图 1-10 所示。MOAB 巨型炸弹全长 9.114 m，弹径 1.084 m，内装 18 700 lb(约 8 482 kg)混合炸药(硝酸铵、TNT 和铝粉的浆状混合物)，采用惯性/卫星制导。MOAB 巨型炸弹战斗部的弹体采用较薄的钢制外壳制成，可在较大程度上提高战斗部的装填系数，该型巨型爆破炸弹以最大限度提升爆破威力为目标，可以对地面目标造成大范围的杀伤作用，对敌方起到较强的威慑作用。

图 1-10　MOAB 巨型爆破炸弹 GBU-43/B

在 2003 年的伊拉克战争中，美军已有的系列钻地炸弹在打击加强防护的硬目标时仍显不足，因此重新对超重型侵彻弹药展开了研究，这就是"巨型钻地炸弹"项目 (Massive Ordnance Penetrator，MOP)，代号为 GBU-57，如图 1-11 所示。MOP 项目的目标是为 B-2 轰炸机提供一种 GPS 制导的重型侵彻炸弹，单架次可挂载 2 枚 MOP。MOP 的基本参数如下：长度为 20.5 ft(约 6.2 m)，直径为 31.5 in(约 0.8 m)，质量为 30 000 lb(约 13 608 kg)，装药为 5 300 lb(约 2 404 kg)。

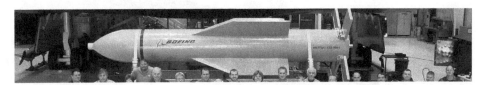

图 1-11　MOP 炸弹 GBU-57

|1.4　制导炸弹战斗部的研制程序和内容|

制导炸弹战斗部设计是一项复杂的技术过程,一般可分为可行性论证阶段、方案阶段、初样阶段、正样阶段和设计定型阶段。其中初样阶段、正样阶段又统称为工程研制阶段。

1.4.1　可行性论证阶段

制导炸弹战斗部项目开始研制之前必须进行可行性论证,也就是通常所说的指标论证。制导炸弹战斗部研制单位应根据使用方和总体的要求,对准备研制的制导炸弹战斗部进行全面的综合论证分析,并根据前期的预研成果、技术方案的可行性分析报告、关键技术解决情况的报告和研制技术进度,提出可供选择的制导炸弹战斗部研制技术方案。

可行性论证阶段是对使用方提出的技术指标进行论证,主要内容如下。

(1)配合使用单位对目前易损性和期望的作战效能进行分析,对指标的合理性及指标之间的匹配性提出分析意见。

(2)进行技术可行性分析。设想总体方案和可能采取的主要技术途径并计算总体参数,通过分析和计算向装药和引信系统提出指标论证要求,综合总体计算结果和分系统论证结果,提出可能达到的指标、主要技术途径和关键技术,必要时,可针对可行性方案中的技术难点提出关键技术研究项目,并组织实施研究。此外,还要对研制经费进行分析。

(3)对拟采用的新技术、新材料、新工艺和解决措施进行论证。

1.4.2　方案阶段

方案阶段是型号研制的重要阶段,主要开展制导炸弹战斗部详细方案的论证、设计、缩比试验、仿真分析和验证,以确定整体技术方案,是型号研制的决策阶段。方案阶段时间是指从上级机关批准型号研制立项至总体技术方案评审通过之日。

方案设计是指完成型号研制方案论证与总体设计,并形成方案设计报告,其内容主要包括以下几方面。

(1)选择和确定主要方案。为进行总体参数选择和计算,首先要选择和确定

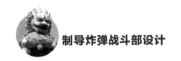

的方案有战斗部的主要气动外形、结构布局、质量质心特性,再经过与总体的多轮协调,最后确定主要方案。

(2)爆炸威力参数。利用理论分析或数值模拟等手段,获得战斗部各种方案的爆炸威力和破片杀伤能力等参数。

(3)侵彻动力学参数计算。利用理论分析和数值模拟等方法,获得各种弹头形状所具有的侵彻能力、结构强度、装药安定性等评估数据。

(4)进行缩比试验、原理样弹研制和部分原理性试验。

(5)完成方案阶段评审。方案阶段评审的主要内容有以下几方面。

1)审查制导炸弹战斗部方案的正确性、完整性、可行性和合理性,战术技术指标是否满足立项批复以及实现技术途径的先进性、可行性和合理性;

2)审查可靠性、维修性、保障性、安全性及测试性大纲及报告;

3)审查关键技术解决途径和风险分析报告;

4)审查采用的新材料、新技术、新工艺及其所选方案的可行性分析报告。

1.4.3　工程研制阶段

在方案阶段工作结束后,就转入了工程研制阶段(包括初样和正样阶段),按总体单位下发的《制导炸弹战斗部研制任务书》《制导炸弹战斗部技术方案》等开展技术方案设计工作,研制初样/正样战斗部,为工程研制阶段提供全面准确的数据。工程研制阶段的任务是用初样/正样弹对设计、工艺方案进行验证,进一步协调技术参数,完善设计方案,主要内容包括以下几方面。

(1)工程研制阶段样机试制。它是根据任务书与图纸对样机的主要尺寸和质量特性进行测量,获得实测数据以验证设计的有效性等。

(2)提出对装药等分系统工程研制阶段的设计要求。它是建立在工程研制阶段试验的基础上,经过反复协调、试验和精确计算,最后形成对分系统的设计要求。

(3)工程研制阶段样弹地面试验。它主要包括环境试验、功能性能试验和安全性试验,以对战斗部样弹的环境适应性、主要性能与安全性进行验证与评价。

(4)完成工程研制阶段评审。

1.4.4　设计定型阶段

设计定型阶段是使用方对型号的设计实施定型和验收,全面检验制导炸弹战斗部战术技术指标的阶段。其主要工作内容有以下几方面。

(1)进行战斗部分系统的定型设计,编写有关技术文件。

(2)确定设计定型技术状态,完成定型靶场外试验和靶场产品的研制工作。

(3)按定型大纲要求完成规定的设计定型试验。

(4)完成设计定型文件编制工作。

(4)完成设计定型审查。

1.5 制导炸弹战斗部设计的特点

制导炸弹战斗部设计具有以下主要特点。

(1)不同类型战斗部的设计方法区别较大。针对不同的打击目标,制导炸弹需配装不同类型的战斗部。不同类型的战斗部所采用的设计方法存在不同,如爆破战斗部主要考虑爆炸效应和破片杀伤效应,动能侵彻战斗部主要考虑合理的低阻力弹型设计及侵彻过程中的动力学响应。

(2)方案设计内容广而多。战斗部方案设计的内容非常多,如战斗部的结构静力学分析、侵彻硬目标的动力学分析、内爆和外爆效应研究、破片成型效应研究、传爆系统设计、与其他舱段的连接方式、结构防腐蚀设计方案、起吊与支承方案等。

(3)需要遵循科学的研制程序。由于战斗部大型试验成本高昂,进入工程研制阶段后大型试验的失利导致的设计反复是不可接受的,所以战斗部的设计需要遵循科学的研制程序,即采用理论分析—数值模拟—缩比试验—全尺寸试验的研制流程,这样可以在工程研制之前对战斗部方案的各项性能进行较为充分的验证,确保后续的大型试验一次通过。

(4)技术文件编制工作量大。制导炸弹战斗部设计的过程、结果和完成形式,大部分都要编写相关的技术文件,包括技术协调文件和制导炸弹战斗部设计、仿真、试验、交付及使用所需要的文件等,这些技术文件的编制工作量非常大。

因此,战斗部设计是一项复杂的工作,根据制导炸弹战斗部的特点,它要求战斗部设计人员应具备扎实的基础科学、应用科学和工程技术知识,掌握《机械制造技术》《材料力学》《爆炸力学》《侵彻动力学》《结构静力学》《金属热处理》《结构设计》和《含能材料》等专业技术知识并应具有丰富的设计经验。同时,要有独立处理问题的能力,尤其要具有开拓创新的勇气和智慧。

|1.6 制导炸弹战斗部设计的发展趋势|

制导炸弹战斗部设计是一个从已知条件出发研制新产品的过程,是将战术技术指标要求转化为战斗部产品最重要的步骤。

(1)模块化、系列化、标准化设计。通过三化设计,形成标准的各种质量级战斗部模块,实现常规、各种制导炸弹有效载荷的通用。以模块化的战斗部为基础,利用激光、电视、红外、惯导/卫星等制导技术,发展多种制导体制的制导炸弹,可以快速形成各种不同的制导炸弹装备。

(2)不断地利用最新的军事科技对战斗部性能进行提升。现代金属材料科学、含能材料科学等的快速进步,对战斗部性能提升提供了良好的技术基础,将这些基础科学的最新成果应用于标准的战斗部模块,能够有效提升弹药毁伤的技术水平。

(3)随着目标防护技术的进步,制导炸弹战斗部未来将得到进一步的发展。未来主要的发展方向可能涵盖超高速深侵彻战斗部、安全弹药、新概念战斗部等,这些都需要战斗部专业工作者进行持续研究。

第 2 章

爆破战斗部设计

|2.1　概　　述|

爆破战斗部主要利用炸药爆炸产生的爆轰产物和爆炸冲击波破坏目标,同时也具有一定的侵彻和破片杀伤效应,可以用于打击地面、水面的多种目标,典型的如建筑、铁路、桥梁、港口、有生力量、技术兵器阵地等。

1.MK80 系列低阻式爆破炸弹

MK80 爆破炸弹是美国海军在 20 世纪 50 年代为高速飞机外挂投放研制的爆破炸弹,是美国海空军及北约广泛装备的航空炸弹,其战斗部称为 MK80 爆破战斗部,包括 MK81、MK82、MK83、MK84 四个型号,较为常用的是 MK82、MK83、MK84 三个型号,其系列如图 2-1 所示。由于其卓越的性能,MK80 爆破战斗部已成为标准舱段,是各种减速炸弹和精确制导炸弹改进型研制的基本弹型。据报道,美军在海湾战争中使用了 11.4 万枚 MK82/MK84 爆破炸弹,1992 年其库存的 MK80 总数达到 113 万枚。除北约国家大量装备外,MK80 爆破炸弹在全球范围内大量出口,MK80 战斗部目前仍处于大量生产和改进中。

MK80 爆破炸弹全弹的长径比在 8 以上,且具有流线外形,气动阻力低,弹道性能好,是普通炸弹发展史上的飞跃,是进入喷气式飞机时代的必要产物,使得航空炸弹由作战飞机内埋挂载发展为外挂方式,进一步扩大了航空炸弹的使用范围,为作战飞机高速突防轰炸提供了武器装备。

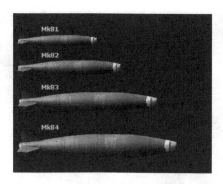

图 2-1　MK80 炸弹系列

MK80 爆破炸弹历经多次重要改型,当前主要装备使用的为 MK82、MK83、MK84。其中,MK82 全弹质量为 500 lb(约 227 kg)级,MK83 全弹质量为 1 000 lb(约 454 kg)级,MK84 全弹质量为 2 000 lb(约 907 kg)级。

为了更好地适应现代战术飞机实施高速、低空突防轰炸,尤其是超低空轰炸的要求,美军在 MK80 炸弹的基础上成功研制了减速炸弹,如图 2-2 所示。该型炸弹是在 MK80 战斗部上加装减速装置构成的,适合于载机高速、低空投弹,投放时通过拉锁使减速器作用,增加炸弹阻力,保证载机投弹安全性。

图 2-2　MK80 减速炸弹

2.M117/M118 爆破炸弹

美军在越南战争中大量使用了 M117/M118 爆破炸弹,在海湾战争中该系列炸弹也被大量使用。该系列炸弹是美国空军研制并装备使用的爆破炸弹,其中 M117 炸弹重 750 lb(约 340.2 kg),M118 炸弹重 3 000 lb(约 1 361 kg),与 MK80 炸弹相似,具有较低的气动阻力,适合高速飞机外挂使用,也可内埋挂载,其外形如图 2-3 所示。

图 2 - 3 M118 普通爆破炸弹

3.不敏感爆破战斗部的发展

在 1973 年的中东战争中,由于破甲弹射流击中坦克内的弹药,引起弹药爆炸,造成车毁人亡;在现代战争中,大约 60% 的坦克破坏是由于遭受到外界袭击,导致自身弹药爆炸而引起的。而武器弹药在生产、维护、运输等勤务处理过程中由于感度问题发生的事故更是不胜枚举。因此,以美国为首的西方国家在 20 世纪 70 年代提出了不敏感弹药的概念,并以不敏感武器弹药研制为依托,开展弹药安全性技术研究,且在随后的数十年中取得了长足的进展。

二战后,多起海军弹药爆炸事故引发了人们对弹药安全性的重视。1964 年,美国海军发布了标准化文件 WR - 50《海军武器要求空中、水面和水下发射武器的弹头安全性测试》,其中规定了对于非核武器的常规弹头需进行安全性测试。该标准化文件制定了测试方法,同时规定了最低的可接受安全程度。试验项目包括快速烤燃(FCO)、慢速烤燃(SCO)和子弹撞击(BI)。

1991 年,美国国防部颁布了 MIL - STD - 2105A(海军),主要用于评价海军常规弹药的不敏感性。此标准将 7 项核心试验增加至 11 项,统称为评价基本安全性和不敏感弹药特性的基本试验,包括 28 天温度-湿度、振动、4 天温度-湿度、12 m 跌落、快速烤燃、慢速烤燃、子弹撞击、碎片撞击、殉爆、聚能射流冲击和热破片撞击试验。2011 年,美国国防部又颁布了 MIL - STD - 2105D,该版本标准中的基本安全性试验与之前版本一致,在不敏感性试验中删去了热破片撞击试验。在评估非核弹药的安全性和不敏感弹药特性时,该版本标准描述了试验结果并参考了北约标准化协议。

海军弹药中的舰载武器主要有各种导弹、机载弹药等,分别有各自的作战特

性。相应地,美国海军也于 20 世纪 40 年代末成立了海军面上武器研究中心
(NSWC),大力开发舰载弹药。

　　由于制导炸弹是海军舰载机作战飞机对地精确打击的主要武器,且制导炸
弹装药量大从而可能导致灾难性的后果,所以开展具有不敏感特征的制导炸弹
研究备受重视,BLU-110 快速烤燃试验如图 2-4 所示。

图 2-4　BLU-110 快速烤燃试验

　　总的来说,20 世纪 90 年代后发展起来的不敏感制导炸弹战斗部与传统战
斗部的主要区别如下。

　　(1)选用更为钝感或安全的炸药。如 BLU-110 选用了 PBXN-109 钝感炸
药,其相关安全性仿真如图 2-5 和图 2-6 所示。

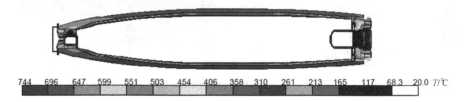

744　696　647　599　551　503　454　406　358　310　261　213　165　117　68.3　20.0　$T/℃$

图 2-5　慢烤/快烤仿真研究

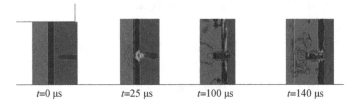

| $t=0\ \mu s$ | $t=25\ \mu s$ | $t=100\ \mu s$ | $t=140\ \mu s$ |

图 2-6   子弹撞击试验仿真研究

（2）对弹体结构进行优化设计。优化的方向主要包括泄压结构、增加隔热防护层等，图 2-7 所示为战斗部泄压结构示意图。

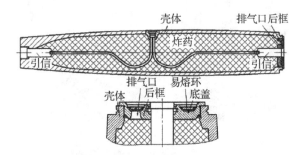

图 2-7   战斗部泄压结构示意图

4.具备一定侵彻能力的爆破战斗部的发展

以色列发展了 500 lb（约 227 kg）的 MPR-500 爆破战斗部（见图 2-8），其外形尺寸、质量特性与美国 MK82 爆破战斗部完全一致，因此与 MK82 战斗部可完全互换。其研发的目的是提升 MK82 战斗部的侵彻能力，以具备打击多层建筑物楼板的能力。

图 2-8   MPR-500 爆破战斗部

尽管 MPR-500 爆破战斗部可以用于类似于 MK82 的常规炸弹,然而 MPR-500 战斗部主要配用于各型制导武器,如惯性卫星制导炸弹、激光制导炸弹、红外制导炸弹等精确制导炸弹。据报道 MPR-500 战斗部可以适用于美国波音公司的 JDAM 系列制导炸弹。MPR-500 战斗部主要适用于精确制导炸弹的主要原因是只有在保证精确打击的条件下,才可能充分发挥其侵彻的效能。

5.巨型空爆炸弹的发展

在越南战争中美国研制了 BLU-82,BLU-82 炸弹在现役普通炸弹中当量最高,美军内部称"突击天穹",又称"滚地球",其外形如图 2-9 所示。BLU-82 的质量为 15 000 lb(约 6 804 kg),其质量是战斗机所能携带最大炸弹 GBU-28 的 3 倍多。由于质量太大,外形又不规范,故 B-1、B-52 等战略轰炸机均无挂载能力,只能用 MC-130 运输机空投。在炸弹投掷前,地面雷达控制员和空中领航员为最后的投掷引导目标。由于爆炸效果巨大,飞机必须在 6 000 ft(约 1 829 m)高度以上投弹。在领航员做出弹道计算和风力修正结果后,MC-130 打开舱门,炸弹依靠重力从轨道上滑下,然后在飞行过程中靠降落伞调整飞行姿态。炸弹接近地面前,0.96 m 长的定高引信起爆,其示意图如图 2-10 所示。

图 2-9　BLU-82 炸弹外形图

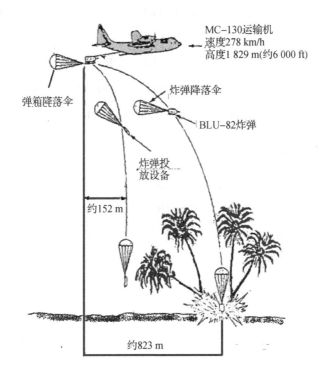

MC-130运输机
速度278 km/h
高度1 829 m(约6 000 ft)

炸弹降落伞

BLU-82炸弹

弹箱降落伞

炸弹投放设备

约152 m

约823 m

图 2 - 10　MC - 130 投放 BLU - 82 炸弹示意图

　　BLU - 82 首次于 1970 年 3 月使用于越南战场,当时是为在热带雨林中为美军特种部队的直升机机群开辟机降场地。据报道这种含有 5 700 kg 硝酸与铝粉混合物的炸弹一旦投下,每平方英寸可产生 1 000 lb(约 454 kg)的超强气压。在距落点 80 m 直径的范围内,所有一切均化为乌有,数百米内的林木、小草则燃成灰烬。在"沙漠风暴"行动期间,美军投下了 11 枚 BLU - 82,旨在清除伊军设置的雷场,当然也有心理战的意义。在阿富汗战争中,为了加快对阿富汗军事打击的进程,2001 年 12 月 13 日美国空军首次在阿富汗投下了至少 4 枚 BLU - 82 型巨型炸弹。BLU - 82 的主要性能指标如下:质量 15 000 lb(约 6 804 kg),长度 3.6 m,直径 1.37 m,弹头当量 126 000 lb(约 57 153 kg),单枚制造成本 27 318 美元,发射平台为 MC - 130 特种作战飞机。

　　在伊拉克战争期间,美国研制出 BLU - 82 的替代品——MOAB 巨型炸弹,其外形如图 2 - 11 所示。美国于 2002 年 4 月开始"炸弹之母"的研制工作。2003 年 3 月 11 日,美国空军在爱格林空军基地进行首次试验,随后很快投产并装备部队,型号定为 GBU - 43/B。但由于交付作战部队的时间太晚而没有在伊拉克战争中使用。同年 11 月,美空军对 GBU - 43/B 进行了新一轮改进,炸药由稠状液体改为固体。"炸弹之母"的演示项目花费了 150 万美元,每枚炸弹单价为 17 万美元。

图 2 - 11　MOAB 巨型炸弹

　　MOAB 巨型炸弹全长 9.114 m,弹径 1.084 m,内装 18 700 lb(约 8 482 kg)混合炸药(硝酸铵、TNT 和铝粉的浆状混合物),采用惯性/卫星制导。与 BLU - 82 相比(见图 2 - 12),MOAB 不仅增加了炸弹的威力,而且采用精确制导技术,通过 MC - 130 特种飞机,无须使用降落伞,可在更高的高度投放,保证了载机的安全。

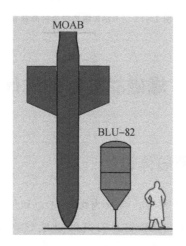

图 2 - 12　MOAB 和 BLU - 82 尺寸的对比

MOAB 巨型炸弹战斗部的弹体采用较薄的钢制外壳,在较大程度上可提高战斗部的装填系数。在战斗部碰撞地面后,引信引爆战斗部,其爆炸产生的蘑菇云如图 2-13 所示。据报道:"在正常情况下,这些炸药将形成可能类似原子弹爆炸的蘑菇云,烟尘可能高达 3 000 ft(约 914 m)。威力不亚于一枚小型核武器。"另有报道说,炸弹爆炸后产生的超压冲击波以每秒数千米的速度传播,爆炸还能产生 1 000~2 000℃的高温,迅速将周围空间的氧气"吃掉",产生大量的二氧化碳和一氧化碳,造成局部严重缺氧。

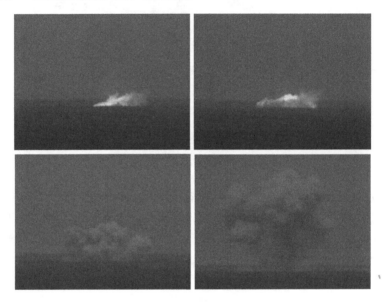

图 2-13 MOAB 爆炸产生的蘑菇云

|2.2 爆破战斗部的设计原理|

2.2.1 爆破战斗部总体设计

爆破战斗部总体设计的核心参数为爆破威力和侵彻能力,爆破威力与装药等效 TNT 当量直接相关,侵彻能力的高低直接影响弹体壁厚和弹体的选型。以装填比作为衡量参数,侵彻战斗部的装填比为 10%~20%,爆破战斗部的装填比一般大于 40%,以保证较强的爆破威力。

相对于侵彻战斗部之类的厚壁战斗部，爆破战斗部为典型的薄壁弹，但弹体仍有一定厚度，以满足打击冻土等半硬目标时的侵彻结构强度要求，同时弹体在爆炸气体的驱动下形成自然破片，具有一定的破片杀伤效果。

为保证制导炸弹总体具有较低的挂机阻力，现代爆破战斗部一般具有大长径比的特征。

MK82 是典型的 500 lb 爆破战斗部（见图 2-14），其主要特点如下：①具有较高的装填比，装填比可达 40% 以上；②具有较大的长径比，气动阻力低，侵彻阻力小；③具有腰鼓外形和较大的飞散角，杀伤面积大。MK80 系列主要参数见表 2-1。

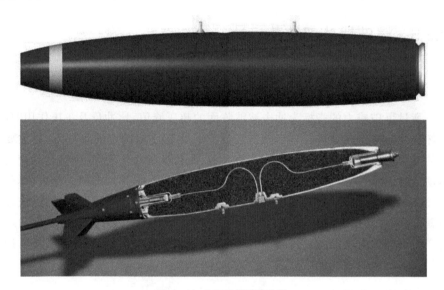

图 2-14　MK82 爆破战斗部

表 2-1　MK80 系列爆破战斗部主要参数表

代　号	圆径/mm	弹重/kg	弹长/mm	弹径/mm	装药量/kg
MK81	250	118	1 882	229	45.4
MK82	500	241	2 207	273	87
MK83	1 000	447	3 008	355.6	202
MK84	2 000	894	3 848	457	429

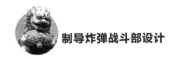

2.2.2　爆破战斗部结构设计

　　战斗部结构设计主要包括确定壳体材料选型与壁厚设计、壳体结构设计方案、与其他舱段的接口设计。

　　壳体材料选型取决于战斗部的侵彻性能要求,如无特殊的侵彻要求,一般常采用低碳钢作为弹体主材料,以降低壳体的制造难度和成本。战斗部的壁厚设计一般根据装填比合理确定,当有特殊的侵彻要求时应根据侵彻时弹体强度要求合理设计壁厚。壳体结构形式常采用卵形头部＋圆柱部弹身方案。

2.2.3　爆破战斗部装药设计

1.影响爆破作用的因素

　　衡量爆破威力的指标为冲击波波阵面的超压峰值、比冲量及正压作用时间。破坏程度与冲击波强弱和目标的易损性有关。在目标确定的条件下,起主要作用的是弹药性能,包括炸药性能、装填系数、距目标的作用距离、弹药运动速度及运动方向、弹药落角、爆轰产物飞散方向等。一般来讲,炸药的威力越大,爆热越高,装填系数越大,冲击波超压峰值就越高;弹药距目标的作用距离越近,破坏作用就越强;弹药运动的速度越快,爆轰后的破坏威力就越大;弹药运动方向与爆轰产物飞散方向之间的夹角越小,破坏作用就越强;垂直入射目标的破坏作用比倾斜入射目标的破坏作用更强。

2.炸药装药设计

　　(1)炸药的选择。为增强爆破战斗部的爆破威力,在炸药装药设计中,应尽量选用做功能力强的炸药。通常在爆破弹炸药装药设计中都选用爆热高的炸药,如含铝炸药,这是因为含铝炸药爆轰后会发生二次反应,使反应区的宽度增大,并释放出大量的热量,能够使正压作用时间延长,提高冲击波比冲量,增强破坏效应。炸药的爆轰性能会影响冲击波压力峰值及爆坑容积,即炸药会影响冲击波强度。常用的爆破弹炸药有压装炸药(海萨尔 PW30 炸药)、熔铸炸药(TNT 及 B 炸药等)及热塑态炸药(RS211 及钝黑铝炸药)等。

　　(2)装药工艺设计。爆破战斗部的装药工艺选择与设计的首要目的应尽可能提高炸药装药质量。但增加炸药量的前提是必须保证战斗部满足侵彻时的撞击强度要求。在进行炸药装药设计时,首先应考虑尽可能选用压装炸药,采用压装工艺进行装药,这是因为压装炸药密度高,装药一致性好,工艺简单。当战斗部内膛结构简单,或内膛最大直径比口部直径大,但直径差不是很大时,可采用分步压装技术、直接压药技术或药柱分装技术提高炸药装药量;当内膛最大直径比口部直径大且直径差较大时,如结构允许可采用药柱分装技术,然后用填充剂灌封。这样既可以提高装药量,又可以保证装药质量。此外,为提高炸药装药密度,有时也可以采用双向压药、降低药柱长径比、延长保压时间、炸药预热等措施。

　　压装工艺虽然可以提高装药质量及密度,从而提高战斗部威力,但是其适用范围极其有限,仅能适用于小口径、结构简单的爆破战斗部,无法适用于大口径、内膛结构复杂的航空爆破炸弹战斗部。熔铸装药技术由于炸药种类多、工艺简单、弹体结构不受限制等优点得到了广泛的应用,大型爆破战斗部更多地采用熔铸装药技术。熔铸装药时,在确保使用安全、侵彻安定的条件下,炸药中应添加一定比例的铝粉或尽可能多的高能炸药,通常铝粉含量在 15%～20% 之间。为减缓铝粉的沉降,可采用细片状铝粉,并采用负压注装工艺技术,从底至上顺序冷却,以提高装药密度的均匀性,减小密度差。

2.2.4　爆破战斗部传爆系统设计

　　爆破战斗部的传爆序列为引信起爆传爆药柱,传爆药柱用以起爆主装炸药,如图 2-15 所示。常用传爆药柱的种类为 JH-14,采用压制成形,设计传爆系统时须严格控制引信和传爆装药的装配间隙,以保证起爆的可靠性。

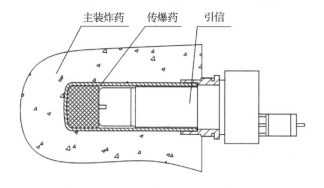

图 2-15　传爆系统示意图

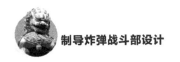
|2.3 爆破战斗部威力计算|

2.3.1 爆破战斗部的爆炸作用

1.冲击波形成和传播

爆破作用为炸药爆炸后高温、高压、高速爆轰产物膨胀功的作用。其作用体现在两方面，一方面是爆轰产物的直接作用，即战斗部直接接触目标爆炸，或在目标内部狭小封闭的空间内爆炸，爆轰产物的巨大压力直接施加于目标上，对目标造成毁伤。另一方面是战斗部在介质（空气、水等）中爆炸，气体产物的能力传给介质，压缩介质产生冲击波，并由爆心向四周传播。目标在冲击波压力作用下受到不同程度的破坏，这种作用称为冲击波作用。

2.空中爆炸冲击波计算

冲击波阵面的压力相比爆炸前的初始压力具有一定突跃，二者之差 $\Delta P_{\mathrm{m}} = P_{\varphi} - P_{\mathrm{a}}$ 称为冲击波超压峰值。

超压峰值 ΔP_{m} 的计算与炸药种类、质量及传播距离有关，通常在相似理论基础上通过试验获得工程计算的经验公式。

如果主装药柱的 TNT 当量为 w，爆心到目标的距离为 r，自由场空气冲击波的数值由下式计算：

$$\Delta P_{\mathrm{m}} = 0.84 \left(\frac{\sqrt[3]{w}}{r} \right) + 2.7 \left(\frac{\sqrt[3]{w}}{r} \right)^2 + 7 \left(\frac{\sqrt[3]{w}}{r} \right)^3 \quad 1 \leqslant \frac{r}{\sqrt[3]{w}} \leqslant 15 \quad (2-1)$$

土壤地面爆炸时有

$$\Delta P_{\mathrm{mGr}} = 1.02 \frac{\sqrt[3]{w}}{r} + 3.99 \left(\frac{\sqrt[3]{w}}{r} \right)^2 + 12.6 \left(\frac{\sqrt[3]{w}}{r} \right)^3 \quad 1 \leqslant \frac{r}{\sqrt[3]{w}} \leqslant 15 \quad (2-2)$$

正反射、正规反射时，反射压力为

$$\Delta P_{\mathrm{r}} = 2\Delta P_{\mathrm{m}} + \frac{6\Delta P_{\mathrm{m}}^2}{7 + \Delta P_{\mathrm{m}}} \quad (2-3)$$

空中近地爆炸时，爆炸空气冲击波对地面的作用如图 2-16 所示。φ_0 为冲击波阵面与被作用物体表面的角度，φ_{0c} 是发生马赫反射的临界值。φ_{0c} 与装药

当量 $w(\mathrm{kg})$ 和爆炸点与地面的距离 $H(\mathrm{m})$ 的关系由试验得到,如图 2 - 17 所示。

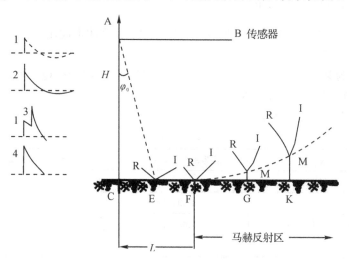

图 2 - 16　爆炸空气冲击波对地面的作用

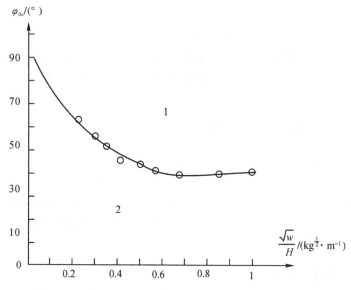

图 2 - 17　临界角 φ_{0c} 与装药当量 $w\,(\mathrm{kg})$ 和炸高 $H(\mathrm{m})$ 的关系

1—非正规反射(马赫反射);2—正规反射

发生马赫反射时 $\varphi_{0c} < \varphi_0 < 90°$,反射压力为

$$\Delta P_r = \Delta P_{mGr}(1 + \cos\varphi_0) \tag{2-4}$$

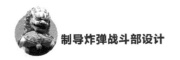

3.带壳装药等效药量计算

非 TNT 炸药根据下式转换成 TNT 当量来计算冲击波超压：

$$\omega_{iT} = \omega_i Q_{vi} / Q_{vt} \qquad (2-5)$$

式中：ω_{iT} 为某炸药的 TNT 当量；ω_i 为非 TNT 炸药装药量；Q_{vi} 为非 TNT 炸药的爆热；Q_{vt} 为 TNT 的爆热。

常用炸药的爆热见表 2-2。

表 2-2　常用炸药爆热

炸药种类	装药密度/(kg·m⁻³)	爆热/(kJ·kg⁻¹)
TNT	1.53×10^3	4 576
RDX	1.69×10^3	5 594
TNT50/RDX50	1.68×10^3	4 773
B 炸药	1.73×10^3	5 045

圆柱形战斗部的等效药量为

$$m_e = m \left[\frac{\alpha}{(2-\alpha)} + \frac{2(1-\alpha)}{(2-\alpha)} \left(\frac{r_0}{r_m} \right)^{2\gamma-2} \right] \qquad (2-6)$$

式中：m_e 为等效药量，kg；m 为装药量，kg；α 为装填系数；r_0 为装药半径，cm；r_m 为破片达到极限速度时的半径，cm，对于钢制战斗部 $r_m \approx 1.5 r_0$；γ 为绝热指数。

4.空气中的冲击波毁伤能力

战斗部产生的冲击波主要用于杀伤人员、一般车辆、技术装备、轻型结构、飞机等软目标或半软目标。这类目标通常在冲击波超压 $\Delta P_m = 0.1$ MPa 时发生较重的损伤，其战斗功能基本失效。为了描述战斗部爆炸后的威力，提出"冲击波威力半径"的概念，即冲击波超压 $\Delta P_m = 0.1$ MPa 所对应的距炸点的平均半径，以此作为衡量空中爆炸的威力指标。

5.土壤中爆炸作用

衡量爆破战斗部爆破威力的主要指标是爆坑容积，战斗部在土壤（或其他介质）中爆炸时，爆炸的高压气体会强烈推动周围的土壤移动形成爆炸波。由于土壤（或其他介质）的密度很大，不易压缩，所以压力的传递速度较小，产生的爆炸波也较弱，对目标的破坏作用有限。因此，爆破战斗部在土壤中爆炸时主要靠土壤的移动和移动引起的震动来破坏目标。

爆破战斗部在土壤深处爆炸时将形成 3 个破坏作用区,即压缩区、破坏区和震动区。压缩区是爆炸气体排挤周围土壤形成的空洞,破坏区是土壤发生位移和由位移而产生变形及裂缝的区域,震动区是因土壤震动而使目标产生明显破坏的区域。这 3 个区域的半径范围可通过实验来确定。此时,爆炸相似率仍适用,可以建立如下关系:

$$\Delta P_{\mathrm{m}} = f\left(\frac{\sqrt[3]{G_{\mathrm{c}}}}{r}\right) \tag{2-7}$$

当 ΔP_{m} 超过介质抗压强度极限时,介质就会被压碎。由于每种介质的抗压强度是不变的,因此,式(2-7)可以改写为

$$\frac{\sqrt[3]{G_{\mathrm{c}}}}{r} = 常数$$

对于压缩区,有 $r_{\mathrm{y}} = K_{\mathrm{y}}\sqrt[3]{G_{\mathrm{c}}} = 0.36K_{\mathrm{p}}\sqrt[3]{G_{\mathrm{c}}}$;对于破坏区,有 $r_{\mathrm{p}} = K_{\mathrm{p}}\sqrt[3]{G_{\mathrm{c}}}$;对于震动区,有 $r_{\mathrm{v}} = (1.83 \sim 2.2)r_{\mathrm{p}}$ 。
式中: r_{y} 、 r_{p} 、 r_{v} 分别为压缩区、破坏区、震动区的半径,m。根据经验表明, r_{y} 的范围为 5~300 倍装药直径, r_{p} 的范围为 2~4 倍压缩区半径, r_{v} 为对地面建筑有破坏威胁的半径; K_{y} , K_{p} 分别为与介质及炸药性质有关的压缩系数和破碎系数,m/kg$^{1/3}$; G_{c} 为以 TNT 为当量的炸药量,kg。

如果战斗部在不深的土壤中爆炸,由于炸点上方土层较薄,除了在炸点周围形成上述 3 个作用区外,炸点上方的土壤还会受高压气体的推动而被抛掷出去,形成漏斗状的爆坑。这表明侵彻深度对爆破作用有很大影响。为了发挥爆破战斗部装药的最大威力,通常希望获得最佳的爆坑。根据大量实验表明,爆坑基本可以分为三类,其特点如下:

(1) Ⅰ类。爆坑口部平均直径 $d_{\mathrm{m}} = (d_1 + d_2)/2 \approx (2 \sim 3)h$ (其中 d_1 、 d_2 是坑口的直径, h 是坑深)。对于普通土壤,单位药量的抛土量 $q_0 = (2 \sim 2.5)$ m^3/kg ,而爆坑容积 $\approx 0.38d_1d_2h$ 。

(2) Ⅱ类。爆坑口部平均直径 $d_{\mathrm{m}} \approx (3 \sim 3.8)h$,对于普通土壤,单位药量的抛土量 $q_0 = (1.2 \sim 1.5)$ m^3/kg ,而爆坑容积 $\approx 0.33d_1d_2h$ 。

(3) Ⅲ类。爆坑口部平均直径 $d_{\mathrm{m}} \approx (3.9 \sim 4.5)h$,对于普通土壤,单位药量的抛土量 $q_0 = 0.67$ m^3/kg ,而爆坑容积 $\approx 0.29d_1d_2h$ 。

根据爆破毁伤研究表明,采用抛掷指数 n 衡量爆坑特性是合理的,定义为 $n = d/2h$,其中 d 为坑口直径, h 为土壤中爆炸形成爆坑的最小阻力线高度。当 $n > 1$ 时,为加强抛掷爆坑;当 $n = 1$ 时,为标准抛掷爆坑;当 $n < 1$ 时,为减弱抛掷爆坑;当 $n \leqslant 0.5$ 时,不能形成爆坑。由实验可知,当战斗部的装药量为 G_{c} 时,在下式中的土壤深度爆炸,其爆破效果最好。

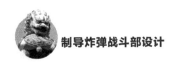

$$H_{\text{opt}} \approx (0.85 \sim 0.95) \sqrt[3]{G_c} \qquad (2-8)$$

式中：H_{opt} 为装药中心到土壤表面的垂直距离，m。

除上述抛掷爆炸外，还有破坏地下目标的地洞爆炸。苏联的梁赫夫等人应用爆炸相似率研究了土中爆炸波的超压与比冲量，认为土壤性质较复杂，颗粒间有空气、水分等直接影响压缩波的参量。当考虑土壤中的空气含量为 α 时，压缩波的超压（kg/cm^2）和比冲量（$\text{kg} \cdot \text{s/m}^3$）为

$$\Delta P = K_1 \left(\frac{\sqrt[3]{G_c}}{r} \right)^{\mu_1} \qquad (2-9)$$

$$i = K_2 \sqrt[3]{G_c} \left(\frac{\sqrt[3]{G_c}}{r} \right)^{\mu_2} \qquad (2-10)$$

式中：K_1，K_2，μ_1，μ_2 均为与 α 有关的系数，其取值见表 2-3。

表 2-3　与 α 有关的系数

$\alpha/(\%)$	K_1	μ_1	K_2	μ_2
0	600	1.05	800	1.05
0.05	450	1.50	750	1.10
1	250	2.00	450	1.25
4	45	2.50	250	1.40
34	7.5	3.00	220	1.50

当 G_c，r 一定时，在 $\alpha = 0$ 的条件下，$\Delta P \sim \sqrt[3]{G_c}$，$\Delta P \sim r^{-1}$ 成立；而当 $\alpha = 34\%$ 时，则 $\Delta P \sim G_c$，$\Delta P \sim r^{-3}$ 成立。显然，土壤中的空气占比对压缩波超压与比冲量均有很大影响。

压缩波超压的作用时间为

$$i_+ = 2 \frac{K_2}{K_1} 10^{-4} \sqrt[3]{G_c} \left(\frac{\sqrt[3]{G_c}}{r} \right)^{\mu_2 - \mu_1} \qquad (2-11)$$

式中：G_c，r，i_+ 的单位分别为 kg，m，s。

2.3.2　爆破战斗部壳体自然破片的杀伤作用

当战斗部作用时，战斗部壳体在爆轰产物驱动下断裂形成破片，在气体驱动下碎片以一定速度 v_p 向四周飞行。破片在运动中速度逐渐变小，且具有击穿目标能力的破片数量随着飞行距离的增加而减少。破片数量随质量的分布规律、破片速度规律以及破片飞散特性等的相关计算方法见 3.4 节。

2.3.3　爆破战斗部侵彻性能的分析方法

爆破战斗部侵彻性能的分析方法主要包括理论分析和数值模拟两种,本节主要介绍理论分析的方法。

1.对单层介质侵彻能力的计算方法

爆破战斗部常用于侵彻入土壤或冻土内部对目标进行毁伤,因此需要得到战斗部对典型介质的侵彻深度。Young 公式是由 C. W. Young 根据试验结果,经过统计分析得到的经验公式。基于新开展的相关试验数据,该公式还在不断进行更新,可用于对土、岩石、混凝土等多种介质的侵彻能力的计算。

当侵彻着速小于 61 m/s 时,有

$$H = 0.000\ 8\ SN\ (m/A)^{0.7} \ln(1 + 21\ 500\ v^2) \tag{2-12}$$

当侵彻着速大于 61 m/s 时,有

$$H = 0.000\ 018\ SN\ (m/A)^{0.7}(v - 30.5) \tag{2-13}$$

式中:H 为侵彻深度,m;v 为着靶速度,m/s;m 为战斗部质量,kg;A 为弹体截面积,m^2;S 为表示土壤、混凝土等介质侵彻特性的参数。

对于土介质,典型土壤的 S 值见表 2 - 4。

表 2 - 4　典型土壤 S 值

S 取值范围	靶材料描述
0.2～1	高强度大块岩石,几乎无裂纹;钢筋混凝土,能承受 14～35 MPa 的压强
1～2	非常坚硬的饱和冻土或冻粘土;低强度、风化的、有裂纹的岩石
2～3	大块石膏状沉积物;粗黏结砂、冻土,干泥灰岩;湿黏土
4～6	较致密的中沙或粗沙,沙漠冲积土;坚硬、干燥密实的粉土或黏土
8～12	很松散的细沙,潮湿硬黏土或粉土,中等密度沙小于 50%
10～15	有少许黏土或粉土的松散的湿表层土;中等密度、含沙、潮湿的中硬黏土
20～30	带有人工杂物的松散湿表层土,多数是沙或粉土;湿、软弱、低抗剪强度的黏土
40～50	很松散的沙质干燥表层土,饱和、很软的黏土或粉土,并具有极低的抗剪强度和高塑性

对于卵形弹,有

$$N = 0.18\ [\rho/(D/2) - 0.25]^{0.5} \tag{2-14}$$

式中:ρ 为头部圆段曲率半径,m;D 为战斗部段直径,m;N 为弹头形状影响系数,常数。

表 2 - 5 给出了几种典型弹头形状所对应的 N 值。

表 2-5　不同弹头形状的 N 值

弹头形状	弹头长径比	弹头形状影响系数 N
平头	0	0.56
半球形	0.5	0.65
锥形	1	0.82
锥形	2	1.08
锥形	3	1.33
双锥形	3	1.31
正切卵形	1.4	0.82
正切卵形	2	0.92
正切卵形	2.4	1.00
正切卵形	3	1.11
正切卵形	3.5	1.19
反转卵形	2	1.03
反转卵形	3	1.32

Young 公式可广泛地应用于混凝土、多层介质、冻土等不同类型介质的侵彻计算,尤其当弹体速度介于 200～1 200 m/s 之间时,精度较高;但在弹体质量较小时,计算精度偏差较大。

2.对多层介质侵彻能力的计算方法

现代爆破战斗部也可用于打击多层楼板等目标,一般来说航空炸弹战斗部的侵彻动能足以贯穿多层楼板,因此常需计算贯穿多层介质后的剩余速度。

NDRC 公式可用来计算战斗部对多层楼板等目标的侵彻贯穿性能,有

$$\left.\begin{aligned} &G = 3.8 \times 10^{-5} N^* M / (v_0 / d)^{1.8} \\ &H/d = 2G^{0.5}, G \leqslant 1 \\ &H/d = G + 1, G > 1 \end{aligned}\right\} \qquad (2-15)$$

式中:H 为侵彻深度,m;d 为弹体直径,m;M 为弹体质量,kg;v_0 为弹体的着靶速度,m/s;$N^* = 0.72$ 对应平头弹,$N^* = 0.84$ 对应钝头弹,$N^* = 1.0$ 对应半球头弹,$N^* = 1.14$ 对应卵形和锥形弹头。

$$\left.\begin{aligned} &e/d = 3.19 H/d - 0.718 (H/d)^2, H/d \leqslant 1.35 \\ &e/d = 1.32 + 1.24 H/d, 1.35 < H/d < 13.5 \end{aligned}\right\} \qquad (2-16)$$

式中:e 为贯穿极限厚度。

$$v_{bl} = \left\{ \dfrac{\left[B + \dfrac{(B^2 - 4AC)^{0.5}}{2A} \right] f_c^{0.5} d^{2.8}}{3.8 \times 10^{-5} N^* M} \right\}^{\frac{1}{1.8}}, T/d \leqslant 3$$

$$v_{bl} = \left[\dfrac{3.8 \times 10^{-5} \left(\dfrac{\dfrac{T}{d} - 1.32}{1.24} - 1 \right) f_c^{0.5} d^{2.8} N^*}{M} \right]^{\frac{1}{1.8}}, 3 < T/d < 18$$

$$v_r = \sqrt{v_0^2 - v_{bl}^2}$$

$$(2 - 17)$$

式中：v_{bl} 为厚度是 T 的靶标的极限贯穿速度，m/s；v_0 为厚度是 T 的靶标的初始速度，m/s；v_r 为厚度是 T 的靶标的剩余速度，m/s；$A = 0.718$；$B = 3.19$；$C = T/d$；f_c 为靶板抗压强度，MPa。

3.侵彻过程中弹体强度计算

（1）弹体侵彻过载理论计算。弹体过载按萨布斯基公式计算：

$$a = \pi d^2 A j (1 + bv^2) / 4M \qquad (2 - 18)$$

式中：A，b 为取决于介质性质的系数；j 为与弹丸形状有关的系数，且 $j = 1/i$，$i = 1 - 0.6l_h$，l_h 为弹体头部长度；d 为弹体直径。

（2）弹体侵彻强度理论校核。对于厚壁结构的壳体强度可采用布林克方法进行计算。该计算方法只考虑轴向惯性力和装填物压力的作用，根据最大应变理论来计算壳体的弹性变形和相当应力，并以相当应力不大于材料的屈服极限为计算时的强度条件。对于一般弹体结构，战斗部的危险截面在圆柱壳体段。对于撞击时各向应力都比较大的情况，壳体结构采用第四强度理论分析较为合适。其任一断面的各向应力值为

$$\left. \begin{array}{l} \sigma_z = -4 a_{\max} m' \big/ \left[\pi (d^2 - d_i^2) \right] \\ \sigma_\theta = 2 \mu_c a_{\max} m'' \big/ \left[\pi (1 - \mu_c) \delta d_i \right] \\ \sigma_r = 4 \mu_c a_{\max} m'' \big/ \left[\pi (1 - \mu_c) d_i^2 \right] \end{array} \right\} \qquad (2 - 19)$$

式中：$a_{\max}$ 为撞击目标时的最大过载；m' 为截面后的金属质量，kg；d 为截面战斗部外径；d_i 为截面战斗部内径；σ_z 为壳体材料抗压强度极限；σ_θ 为切向应力；σ_r 为径向应力；μ_c 为装填物的泊松系数；m'' 为截面之后的装填物质量。

根据上述应力，通过第四强度理论计算，求得综合应力为

$$\sigma_{np} = \sqrt{\sigma_z^2 + \sigma_r^2 + \sigma_\theta^2 + \sigma_z \sigma_r + \sigma_z \sigma_\theta + \sigma_r \sigma_\theta} \qquad (2 - 20)$$

第 3 章

杀爆战斗部设计

|3.1　概　　述|

　　杀爆战斗部同时具有杀伤和爆破作用,杀伤作用是利用带壳装药爆炸后壳体破碎形成的破片或预制破片对目标的破坏作用,爆破作用依靠主装药爆炸后高温、高压、高速爆轰产物膨胀功的作用。爆破作用相关理论可参阅 2.3 节,本章主要介绍杀爆战斗部的破片杀伤作用。

　　对于杀爆战斗部的破片杀伤作用,其基本原理是:主装药爆炸后驱动高速破片群,利用破片对目标的击穿、引燃、引爆等作用毁伤目标,其中引燃和引爆作用仅对带有可燃物和爆炸物的目标有效。杀爆战斗部在打击空中、地面的低生存力目标和有生力量上具有较大优势,也可用于打击防护能力较弱的雷达天线、轻装甲等目标。

　　美军的 250 kg 杀爆型产品是在爆破型产品技术上发展形成的,第一代杀爆型产品为高爆破片型 MK82(代号 PFB - 82),如图 3 - 1 所示,其杀伤面积示意图如图 3 - 2 所示,采用预制钢球技术,在弹体内部填充数量众多的钢球预制破片,搭配近炸引信优化末端作用条件,使杀伤面积由高爆型的约 80 m×30 m 增加至 240 m×80 m。图 3 - 3 所示为美国的杀爆型 JADM 制导炸弹。

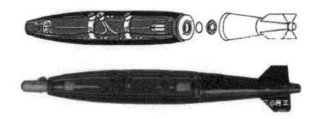

图 3-1　美国 PFB-82 杀爆型产品结构示意图

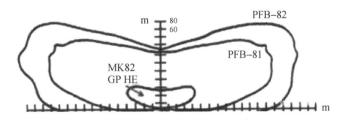

图 3-2　美国 PFB-82 杀爆战斗部杀伤面积示意图

图 3-3　美国 GBU-38/B 杀爆型 JADM 制导炸弹

　　近几年来,因 PFB-82 战斗部制造复杂,且功能较单一,美军在 MK82 战斗部的基础上,针对 250 kg 制导航空炸弹平台战斗部多用途的发展需求,发展了 BLU-134/B,该型产品已于 2016 财年完成了研制工作。

　　美国为 GBU-53/B SDB2 战斗部炸弹研制了新型多功能战斗部,通用动力 OTS 公司负责该多效聚能杀伤爆破战斗部的研制(见图 3-4)。

图 3 - 4　美国 GBU - 53/B 航空炸弹

近年来,杀伤力增强型杀爆弹逐渐成为航空炸弹发展的新热点,随着对面目标打击成为战场中越来越重要的任务,最近美国空军发布了 BLU - 136/B"杀伤力增强"型(ILW)"下一代区域攻击武器"的竞标文件,试图完全取代现役的集束炸弹,BLU - 136/B(见图 3 - 5)是同圆径常规爆破型 MK84 炸弹杀伤范围的 2 倍。

图 3 - 5　美国破片"杀伤力增强"型战斗部 BLU - 136/B

法国除采购美国 MK80 系列产品外,在 MK82 的基础上,也发展了 250 kg 杀爆型战斗部(见图 3 - 6),其战斗部用聚能衬套如图 3 - 7 所示。与美国的全预制技术方案不同,法国采用内置聚能衬套方式,借助主装药聚能切割效应,使壳体破碎形成破片。

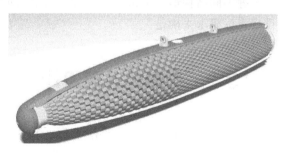

图 3 - 6　法国 250 kg 杀爆型战斗部

图 3－7　法国 250 kg 杀爆战斗部用聚能衬套

当战斗部作用时,在几微秒内产生的高温、高压气体,对战斗部壳体可施加数十万个大气压级别的压力,远超壳体材料的强度极限,使壳体发生剪切或拉伸破裂。杀爆战斗部按照破片形成方式的不同,可分为自然破片杀爆战斗部、半预制破片杀爆战斗部和全预制破片杀爆战斗部。

自然破片是壳体在爆炸载荷作用下膨胀、断裂、破碎而形成的,壳体既是炸药装填空间构成体又是破片形成的物质来源,壳体材料利用率较高,形成的破片初速高,但破片不规则的尺寸与形状,使得其速度在空中的衰减很快;半预制破片一般是在刻槽壳体、刻槽装药、局部强度弱化壳体等措施作用下,控制壳体破裂位置形成的,破片尺寸与质量更接近要求,减少了壳体质量的损失,提升了杀伤效率;全预制破片可采用球形、立方体、长方体、杆状等,采用黏合剂等黏结在壳体内壁或外壁,具有形状、质量可控的优势,但战斗部结构强度降低,破片初速也会有一定损失。三种不同结构形式的破片战斗部均有各自的优点,具体选择需要根据相应的设计指标要求来确定。

|3.2　杀爆战斗部设计|

杀爆战斗部的爆破作用设计原理参考 2.3 节,杀伤作用主要依靠破片实现,进行杀爆战斗部杀伤作用设计时,要对破片杀伤作用的相关性能参数进行设计。

当战斗部质量确定时,战斗部各性能参数间存在着相互制约的关系,因此,对杀爆战斗部的设计,主要是在满足战斗部战技术指标要求的前提下,使各参数相互平衡、协调,并不断优化以使战斗部达到最大的威力性能。杀爆战斗部杀伤作用的主要参数包括破片数量、破片质量、破片初速、破片存速、破片动能、破片飞散角以及破片方向角等,战斗部的其他性能一般可用以上参数计算。

3.2.1　杀爆战斗部结构设计

在确定杀爆战斗部破片杀伤作用的指标要求后,即可开展杀爆战斗部的设计工作。当航空制导炸弹杀爆战斗部采用自然破片结构方式时,其装药量大,结构简单,价格低廉。战斗部由隔框、壳体、主装炸药、传爆药柱及附件等组成。壳体结构起到装填炸药、形成杀伤破片、连接其他组件(导引头舱、制导尾舱等)等作用。为提高初速、增强杀伤能力,壳体一般选用 20♯ 钢或韧性铸铁,如美国在原爆破战斗部的基础上将壳体材料改为高韧性铸铁,形成杀伤爆破型产品,美国 MK84 杀伤爆破型战斗部剖面如图 3−8 所示。

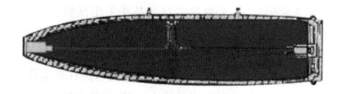

图 3−8　MK84 杀伤爆破型战斗部剖面图

对于自然破片杀爆弹,利用完整的战斗部壳体在爆炸过程中瞬时破裂而产生不均匀的杀伤破片,形成的破片数量和质量与装药性能、装药质量与壳体质量的比值(质量比)、壳体材料性能和热处理工艺、起爆方式等有关。与半预制和全预制破片战斗部相比,自然破片战斗部壳体破碎具有随机性,破片数量不够稳定,质量散布较大,破片形状不规则,破片质量不均匀以及破片速度衰减更快。下面主要介绍半预制破片杀爆战斗部和全预制破片杀爆战斗部的结构设计方法。

1. 半预制破片杀爆战斗部结构设计

半预制破片杀爆战斗部又称预控破片杀爆战斗部,可采用壳体刻槽、装药刻槽、壳体区域脆化、镶嵌钢珠、圆环叠加点焊等多种方式,爆炸以后所形成的破片在预控质量范围内的破片数多,破片成型性能好。通常采用较多的方式为壳体刻槽式和药柱聚能刻槽式,壳体刻槽式结构是在壳体内表面按规定的方向和尺

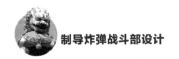

寸加工出沟槽,目的是造成不等强度,使壳体沿预制槽破裂,形成正方形、菱形、矩形等相对较规则的破片;药柱聚能刻槽式结构是在战斗部药室内壁装填聚能衬套,在药柱表面刻槽,利用爆炸时产生的聚能效应切割战斗部壳体,形成均匀的破片。

(1)壳体刻槽式结构。壳体刻槽式结构的预定破片数一般要大于有效破片数,因为考虑到有一定的破片损失及约 10% 的破片不计算在飞散角内,所以壳体刻槽式结构的预定破片数取值为

$$N = (1.23 \sim 1.39)Sv(R_e) \tag{3-1}$$

式中:S 为有效杀伤面积;$v(R_e)$ 为对于有效杀伤半径曲面的破片密度。

壳体刻槽一般在内表面进行,在高压爆炸气体的作用下,周向应力大于轴向应力,因为周向塑性变形更快,在刻槽深度相等的情况下,纵向槽更容易发生断裂,所以纵向槽可以比横向槽稍浅,以保证破裂的同步性。

刻槽的深度和角度对破片的成形性和质量损失有较大影响,壳体刻槽深度既不能太深也不能太浅,刻槽太深不仅会降低壳体强度,还会导致壳体过早破裂,降低破片初速和炸药能量的利用率;刻槽太浅则会导致破片的联片。但刻槽深度的定量计算非常困难,通常参照定型产品并采用试验方法进行确定。根据经验可知刻槽深度在壁厚的 30%~50% 之间较为合适,而常用的刻槽底部锐角一般取 45°和 60°。此外,刻槽方向也会对破片分布产生影响。

以航空制导炸弹战斗部常用的圆柱形结构为例,圆柱形壳体在膨胀过程中,最大应变产生在环向,轴向的应变相对较小,轴向拉伸不明显。当设计菱形破片时,菱形的短对角线沿环向分布,长对角线则沿轴向布置[见图 3-9(a)]比较合适,这样能够充分利用环向应变的作用。另外,实践证明菱形的锐角以 60°为宜,如果沿战斗部壳体母线或者垂直于母线刻槽,则壳体环向膨胀形成的破片在轴向形成条状分布,不利于控制破片的形成。因此图 3-9(b)(c)中所示的设计方式是不合理的。

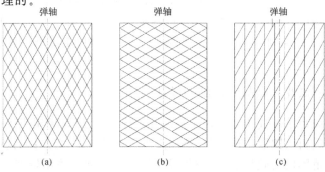

图 3-9　壳体不同刻槽方向展刻图

（2）药柱聚能刻槽式结构。采用药柱聚能刻槽式结构的战斗部也称为聚能衬套式破片战斗部或药柱刻槽式战斗部。药柱刻槽并非是在药柱上"刻出"槽来，而是通过在药柱成型之前利用特制的带聚能槽的衬套加以约束，使聚能衬套粘贴在壳体内壁上，并在浇铸装药时以模具的作用约束浇铸装药成型，其典型结构如图 3-10 所示。

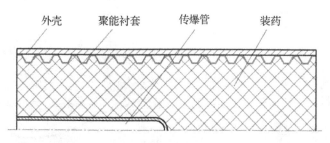

外壳　　聚能衬套　　传爆管　　装药

图 3-10　聚能衬套式破片战斗部示意图

战斗部外壳是无缝钢管，衬套一般由易成型、可塑性好且有一定耐热性能的轻质材料（常用塑料或者硅橡胶）制成，衬套上预制有特定尺寸的楔形槽，衬套与壳体紧密粘贴，利用装药爆炸时产生的聚能效应将壳体切割成设计形状的破片。

楔形槽的尺寸由战斗部外壳厚度和破片的理论质量来确定，由于衬套和楔形槽占用了部分装药空间，所以装药量会减少；因为聚能效应的切割作用使得壳体不能得到充分的膨胀，爆轰压力过早的泄出使得爆轰能量利用率降低，所以破片所获得动能减少，破片初速相比自然破片会有所降低。另外，破片的成型特性决定了该种结构破片飞散角较小，对圆柱体结构而言，飞散角通常不大于 15°。

半预制杀爆战斗部的壳体刻槽式结构与药柱聚能刻槽式结构的优缺点和技术难点的对比见表 3-1。

表 3-1　半预制杀爆战斗部优缺点对比

结构形式	壳体刻槽式	药柱聚能刻槽式
优　点	（1）破片质量分布较集中，破片形状较规则； （2）壳体较厚，在爆轰作用下，壳体可充分膨胀加速，破片初速较高	（1）破片质量分布较集中，破片形状也较规则； （2）聚能塑料衬套经热塑成形，战斗部壳体不需要机加，工艺性好，生产效率高
缺点或技术难点	（1）刻槽加工工艺复杂，生产效率较低； （2）破片的速度衰减特性比较差	（1）弹径小，聚能衬套占据一部分装药体积，破片初速低； （2）聚能衬套不能承受侵彻过载

半预制破片杀爆战斗部静爆试验回收的典型破片如图 3-11 所示。

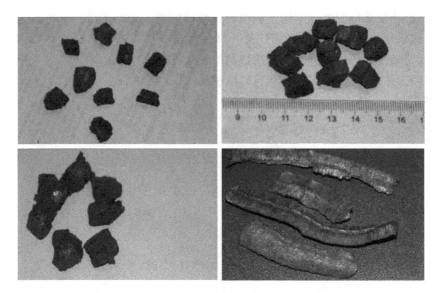

图 3 - 11   半预制破片杀爆战斗部静爆试验回收的典型破片

2.全预制破片杀爆战斗部结构设计

全预制破片是将预先制造的破片抛射体装在较薄的壳体上,主装药爆炸后驱动破片抛射体形成具有一定初速的破片。破片的形状和尺寸根据战斗部威力性能要求确定,用规定的材料预先制造完成,然后装填到内衬和外壳之间。内衬可以是薄铝筒、薄钢筒、玻璃钢筒等。球形破片则可直接填入内衬与外壳之间,其间隙则以环氧树脂或其他材料填满。添加内衬和填充间隙均是为了提高战斗部的结构强度并降低破片的质量损失。典型全预制破片战斗部结构示意图如图3 - 12 所示。

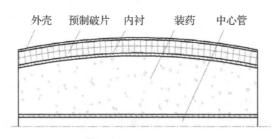

图 3 - 12   典型全预制破片战斗部结构示意图

在装药爆炸后,全预制破片在爆炸作用下直接被抛出,由于外壳较薄几乎不存在膨胀过程,所以爆炸产物较早逸出。在不同形式的战斗部中,在质量比相同的情况下,全预制杀爆战斗部的破片初速是最低的,与半预制刻槽式破片相比,破片初速要低 10%～15%。

全预制破片通常制成立方体或者球体,该类型破片速度衰减性能较好。立方体在排列时比球形或圆柱形破片更加紧密,能更好地利用战斗部表层空间。如果破片制成适当的扇形体,则排列最紧密,黏合剂用量最少。全预制破片在装药爆炸后的质量损失较小,经过调质的钢质球形破片几乎没有什么质量损失,这在很大程度上弥补了全预制式结构附加质量(如内衬、外壳、黏合剂等)较大的固有缺陷。

全预制破片战斗部在结构上有以下优点。

(1)具有优异的成形特性,可以把壳体加工成几乎任何需要的形状,以满足各种飞散特性的要求。

(2)全预制破片的速度衰减系数相比自然破片和半预制破片战斗部要低。在保证相同杀伤能量的情况下,全预制式结构所需的破片速度或质量可以适当减小。

(3)全预制破片可以加工成特殊的类型,如利用高密度材料作为破片以提高其侵彻能力,还可以在破片内部装填不同的填料(发火剂、燃烧剂等),以增大破片的杀伤效能。

(4)在性能上有较为广泛的调整余地,如通过调整破片层数来调整破片数量,可以轻易实现不同大小和不同形状破片的搭配使用,以满足特殊的设计需求。

全预制破片更容易适应战斗部在结构上的改变,如采用离散杆形式的破片可以达到球形或立方形破片不易达到的毁伤效果,采用反腰鼓形的外壳结构可以实现破片聚焦的效果。

综合来看,全预制破片战斗部在破片速度衰减特性、破片形成的一致性上相比自然破片战斗部和半预制破片战斗部具有一定的优越性,并且易于采用高密度破片和多效应破片,但是其长储性、工艺性不佳,结构强度更低,制造成本也更高。

在实际应用中,破片的选择需要综合考虑战斗部威力、工艺性、成本等各种因素,选择原则是在保证威力性能的前提下考虑经济性要求。以破片杀伤为主、要求有效杀伤半径大的战斗部,对破片性提出较高的要求,应选择全预制破片结构设计;对于以联合作用杀伤目标,非单一破片杀伤效果,杀伤半径没有较高要求,考虑经济性,通常采用自然破片结构设计;半预制破片结构设计则介于以上两种条件之间。

3.2.2 装药设计

战斗部装药是破片获得速度的能量来源,当选择高性能炸药、高装药密度时,在满足破片初速要求的前提下可减少装药量。在初步设计时,已经初步选定了主装药种类和装填密度,但对主装药的选择没有作进一步的说明。实际上,装药选择对于提高战斗部威力影响甚大。如果将 TNT 炸药改为 B 炸药,平均爆炸威力可以提高 25%~30%。对于破片式杀伤战斗部,希望使用有限的炸药尽可能获得较大的初速,同时又希望炸药的爆轰参数与金属壳体的理化性能相匹配以获得完善的破片性要求。关于这类问题的定量关系,目前还缺乏依据,一般都是采用试验对比和定性分析来解决。例如:对于壳体金属延展性好的材料,可以选择爆热高、作战能力强的炸药,适用于壳体壁厚较小的战斗部;对于壳体壁厚要求较大、要求破片数较多的战斗部,应当选择爆速较高、爆压较大的炸药。另外,提高装药密度是提高装药性能的有效途径,根据相关试验结果显示,装药密度提高 $0.1~\mathrm{g/cm^3}$,爆速可提高 $300~\mathrm{m/s}$。因此,要采用先进的装药工艺,以获得较高的装药密度。

3.2.3 起爆和传爆系统设计

起爆点和起爆形式的选取取决于对破片飞散角的要求,并与战斗部的壳体外形相匹配。当需要较大飞散角时,可采用中心一点起爆和腰鼓形壳体;根据具体飞散角数值要求,可采用中心一点起爆或与圆柱形战斗部赤道面对称的轴向两点起爆,起爆点的距离根据飞散角的增大而减小;需要小飞散角时,可采用圆柱形战斗部轴向多点同时起爆或采用反腰鼓形壳体结构。

传爆系统是战斗部的重要组成部分。典型的传爆系统由转换能量形式的火工元件、放大能量的爆炸元件(包括加强药柱、导爆药柱和传爆药柱)组成。改变传爆系统的起爆形式,用控制爆轰波形的方法来控制威力区的形状,可以改善战斗部的起爆性能。

传爆系统设计的任务如下:

(1)根据空间杀伤区的要求,决定起爆方式——如中心点起爆、线起爆、面起爆以至多通道起爆;

(2)根据主装药的起爆性能和药量,决定完全起爆主装药的传爆药种类和药量;

(3)根据火工元件的输出能量级,决定雷管与传爆药之间是否需要能量放大级,如导引传爆药和加强药柱。

选择传爆药的种类及密度,应根据被发药的性质,要求主发药的爆轰感度高,并且主发药的爆速大于被发药。当主发药的爆轰感度较低时,必须提高传爆药的密度,以保证起爆安全性;但传爆药的密度过高,也会降低传爆药作为被发药的爆轰感度,造成起爆延滞和起爆不安全,增加上一级的起爆困难。

传爆药的数量依主装药量而定。对于中大型战斗部,一般取主装药量的0.5%～1%;对于小型战斗部,取主装药量的 1%～2.5%。

传爆药的外形多为圆柱形,起爆能力(用起爆冲量表示)随高度增加而上升,但当长径比达到 2 时不再增大。因此在设计中,常以高度 h 等于 2 倍直径为极限值。为兼顾底面积尺寸,通常取长径比为 1～1.5。传爆圆柱形药柱的直径可以用下式求得:

$$D_c = \sqrt{\frac{4}{\pi \lambda_c \rho_c}} \sqrt[3]{\omega_c} \qquad (3-2)$$

式中: D_c 为传爆药柱直径; λ_c 为传爆药柱长径比; ω_c 为传爆药柱药量; ρ_c 为传爆药柱密度。

传爆药柱的高度为

$$h_c = D_c \lambda_c \qquad (3-3)$$

3.3　破片性能参数计算分析

3.3.1　破片数目随质量的分布规律

自然破片战斗部爆炸后,部分壳体被粉碎成极小的粉末状金属颗粒,其余部分则破碎成形状、质量不同的破片。一般希望壳体在爆炸后形成质量分布均匀的破片,破片破碎性能是判断杀伤能力的标志。应用 Mott 方程求得破片数目随质量的分布规律。

(1)破片总数为

$$N_0 = m_s / 2\mu \qquad (3-4)$$

式中: N_0 为破片总数; m_s 为弹体质量,kg; 2μ 为破片平均质量,kg。

$$\mu^{0.5} = K t_0^{5/6} d_i^{1/3} (1 - t_0/d_i) \qquad (3-5)$$

式中：t_0 为壳体壁厚，m；d_i 为壳体内直径，m；K 为取决于炸药的系数，$kg^{1/2}/m^{7/6}$。

炸药的常用参数参考值见表 3 - 2。

表 3 - 2　炸药系数 K 及 A 的试验值

炸药种类	试验条件			炸药系数	
	t_0/mm	d_i/mm	m_w/m_s	$K/(kg^{1/2} \cdot m^{-7/6})$	$A/(kg^{1/2} \cdot m^{-7/6})$
B 炸药	6.451 6	50.774 6	0.377	2.71	8.91
TNT	6.426 2	50.8	0.355	3.81	12.6
H - 6	6.451 6	50.774 6	0.395	3.38	11.2

（2）质量大于 m_p 的破片的数量为

$$N(m_p) = N_0 \exp[-(m_p/\mu)^{0.5}] \tag{3 - 6}$$

式中：$N(m_p)$ 为质量大于 m_p 的破片数；m_p 为任意破片质量，kg。

一般钢制整体式壳体战斗部在充分膨胀后破裂所形成的破片，大致为长方体，其长：宽：厚约为 5：2：1。经验证明，在多数情况下，破片数随质量的微分、积分分布规律接近正态分布。对于自然破片战斗部，弹丸爆炸后破片质量损失为 15%～20%，半预制破片战斗部的破片质量损失为 10%～15%，而全预制破片战斗部的破片总质量仅损失 10% 左右。

3.3.2　破片速度规律

（1）破片初速。破片初速 v_0 一般采用经典 Gurney 公式计算，其推导基于以下假设：

1）瞬时爆轰；

2）除产物内能以外的炸药能量全部转化为壳体动能和产物动能；

3）产物膨胀速度沿距离线性分布。

$$v_0 = \sqrt{2E} \sqrt{\frac{\beta}{1 + \beta/2}} \tag{3 - 7}$$

式中：$\sqrt{2E}$ 称为格尼速度；β 为装药质量和壳体（破片）质量之比。

不同炸药的 $\sqrt{2E}$ 值见表 3 - 3。

表 3 - 3 不同炸药的 $\sqrt{2E}$ 值

炸药名称	密度/$(g \cdot cm^{-3})$	$E/(C \cdot g^{-1})$	$\sqrt{2E}/(m \cdot s^{-1})$
RDX	1.77	1.03	2 930
TNT	1.63	0.67	2 370
TNT/Al 80/20	1.72	0.64	2 320
TNT/RDX 36/64	1.72	0.89	2 720
HMX	1.89	1.06	2 970
特屈儿	1.62	0.75	2 500
PETN	1.76	1.03	2 930

式(3-7)只能对破片初速进行初步计算,真实战斗部的爆炸与理论计算是有出入的,影响战斗部破片初速的因素主要有以下几种。

1)装药性能。提高装药性能对于提高破片初速是有利的,因此,为提高破片初速,应在确保安全性的前提下尽量提高装药密度、装药质量和壳体(破片)质量之比。

2)装药与壳体的质量比。装药质量比的提高有利于破片初速的提高,但通常装药质量比的变化区间较小,且装药比成倍的提升,初速的增量只有不到20%的增加。

3)壳体材料。壳体材料塑性的增加有利于延长破片的加速时间,增大壳体破裂时的相对半径,可以获得更高的破片初速。

4)装药长径比。装药长径比对初速有显著影响,端部效应使战斗部两端的破片初速低于中间段的破片初速,不同长径比时,端部效应的影响程度存在明显不同。在总质量不变的前提下,增大长径比可以减少装药的能量损失,提高破片初速。

5)起爆位置。起爆位置不同,会影响破片初速在轴线上的分布。一端起爆时,由于端部效应使战斗部两端的破片初速低于中间段的破片初速,且起爆端破片初速高于非起爆端;两端起爆时,爆轰波在战斗部中间汇聚,中间部位的破片得到更大的冲量,所有中间位置破片速度很高;中心起爆时,中间处破片初速高于两端破片初速,且破片速度沿战斗部轴线对称。

(2)破片存速。破片存速与破片的初速、飞散距离以及破片速度衰减系数有关,破片飞散距离 x 处破片存速计算公式为

$$v_x = v_0 e^{-\alpha x} \tag{3-8}$$

式中:v_0 为破片初速,m/s;x 为破片飞散距离,m;α 为破片速度衰减系数。

破片速度衰减系数可用下式求得:

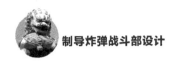

$$\alpha = \frac{C_x \rho_0 H(Y) A_s}{2q} \quad\quad (3-9)$$

式中：C_x 为破片飞行空气阻力系数；ρ_0 为海平面处空气密度，$\rho_0 = 1.225$ kg/m³；$H(Y)$ 为高度 Y 处的相对空气密度，$H(Y) = \rho_H/\rho_0$，ρ_H 为高度 Y 处破片密度；A_s 为破片迎风面积，m²；q 为破片质量，kg。

不同形状破片飞行时的空气阻力系数 C_x 可按表 3-4 近似选取。

表 3-4 不同形状破片飞行时的空气阻力系数

破片形状	球形破片	圆柱形破片	矩形和菱形破片	不规则破片
空气阻力系数 C_x	0.97	1.17	1.24	1.5

破片迎风面积的计算公式为

$$A_s = \Phi q^{2/3} \quad\quad (3-10)$$

式中：Φ 为破片形状系数，m²/kg²ᐟ³。

不同形状破片的形状系数 Φ 可按表 3-5 近似选取。

表 3-5 不同形状破片的形状系数

破片形状	球	立方体	圆柱体	平行四边形	长方体	菱形体
形状系数 Φ	3.07×10^{-3}	3.09×10^{-3}	3.347×10^{-3}	$(3.6 \sim 4.3) \times 10^{-3}$	$(3.3 \sim 3.8) \times 10^{-3}$	$(3.2 \sim 3.6) \times 10^{-3}$

由表 3-5 可知，各种破片的形状系数 Φ 的变化范围为 $(3.07 \sim 4.3) \times 10^{-3}$。破片形状实际是不规则的，$\Phi$ 的理论值偏低，须乘以修正系数 1.12。工程计算时可近似取 $\Phi = 0.005$。

(3)破片动能。杀爆战斗部的破片杀伤作用主要以破片对目标的击穿作用为主，而击穿主要靠破片碰撞目标时的动能，所有可用破片的动能 E 用于衡量破片的杀伤作用。破片的终点动能计算公式为

$$E = 1/2 m v_x^2 \quad\quad (3-11)$$

式中：E 为破片终点动能，J；m 为产品爆炸后产生的破片质量，取 3×10^{-3} kg；v_x 为破片终点速度，m/s。

(4)杀伤标准。杀伤标准源于对目标破坏过程的物理本质的认识，用于判断破片对目标的致毁效率。破片对目标的毁伤能力采用动能准则作为杀伤标准进行评估。当使用动能准则时，对目标造成毁伤的破片要具有最小必要打击动能，大于该动能的破片被称为有效破片。因为破片实际质量不一，所以速度衰减系数也是不相同的，破片随飞行距离的增加动能降低，有效破片终将会在飞行某一距离 r 后变成无效破片，即随着距爆心距离的增加有效破片数量会减少。有效破片相对数随飞行距离 r 减少的规律称为破片飞失律 $n(r)$：

$$n(r) = \frac{N(r)}{N} \tag{3-12}$$

式中：N 为破片总数；$N(r)$ 为距离 r 处有效破片数。

根据存速公式（3 - 8），破片飞行距离 r 可表示为

$$r = \frac{q^{1/3}}{0.5 C_x \rho_0 H(Y) \Phi} \ln\left(\frac{v_0}{v_r}\right) \tag{3-13}$$

能满足对目标杀伤标准的破片存速 v_r 为

$$v_r = \sqrt{\frac{2E_B}{q}} \tag{3-14}$$

式中：E_B 为由动能准则确定的最小必要打击动能，J；q 为破片质量，kg。

动能杀伤不同目标的能力标准见表 3 - 6。

表 3 - 6　动能杀伤不同目标的能力标准值

目标	人员	飞 机	机翼油箱油管	发动机	4 mm 厚 Q235 钢板	7 mm 厚装甲	10 mm 厚装甲	12 mm 厚装甲	16 mm 厚装甲
杀伤标准/J	78	1 470~2 450	194~294	882~1 323	1 500	2 156	3 430	4 900	10 190

3.3.3　破片飞散特性

破片静态飞散角和方向角完全取决于战斗部结构、形状、装药及起爆传爆方式，因此通常根据飞散特性的指标要求来设计战斗部的结构形状、装药和起爆传爆方式。对于大飞散角战斗部，战斗部形状一般设计成腰鼓形；对于中等飞散角战斗部，战斗部形状一般设计成圆柱形；对于小飞散角战斗部，战斗部外形可设计成反腰鼓形，也可设计成采用特殊起爆方式的圆柱形结构。不同战斗部爆炸后破片在空间的分布情况如图 3 - 13 所示。

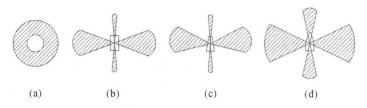

图 3 - 13　几种形状战斗部爆炸后破片飞散分布示意图

(a)球形结构；(b)圆柱形结构；(c)圆台形结构；(d)圆弧形结构

球形战斗部中心起爆，破片飞散分布是一个球面且分布均匀。圆柱形、锥形

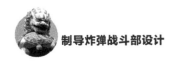
以及抛物线形战斗部起爆后破片分布为：圆周侧向为一个球缺，前顶后底为锥台。

1.破片静态飞散特性

（1）破片飞散角。破片飞散角是指战斗部爆炸后，在战斗部轴线平面内，以重心为顶点，战斗部两端破片飞散方向所形成的夹角。采用修正的 Shapiro 公式进行计算：

$$\left.\begin{aligned}
\Omega &= \theta + \theta_1 \\
\theta &= \arctan\left[v_0/2D\sin(\Phi_1 - \Phi_2)\right] \\
\theta_1 &= \arctan\left[v_0/2D\sin(\Phi_3 - \Phi_4)\right]
\end{aligned}\right\} \tag{3-15}$$

式中：v_0 为破片的初速，m/s；D 为炸药的爆速，m/s；θ、θ_1 分别为壳体法线与壳体前端、后端破片初速方向的夹角；Φ_1、Φ_2 分别为壳体前端、后端处壳体法线与弹轴的夹角；Φ_3、Φ_4 分别为壳体前端、后端处爆轰波法线与弹轴的夹角。

（2）破片方向角。破片方向角 θ 是指破片飞散角内破片分布中心线与通过战斗部重心的赤道面所形成的夹角，破片飞散角与方向角如图 3-14 所示。

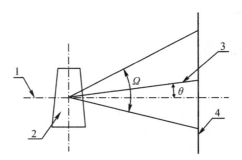

图 3-14　静态破片飞散角与方向角
1—赤道面；2—战斗部；3—破片中心分布线；4—钢靶

破片方向角 θ 可由下式求得：

$$\theta = \arctan\left[v_0/2D\sin(W_1 - W_2)\right] \tag{3-16}$$

式中：v_0 为破片的初速，m/s；D 为炸药的爆速，m/s；W_1 为中心破片处的壳体法线与弹轴的夹角；W_2 为中心破片处的爆轰波法线与弹轴的夹角。

（3）破片分布密度。杀爆战斗部爆炸后破片的平均分布密度按下式估计：

$$\gamma = N/\{2\pi R[L + 2R\tan(\Omega/2)]\} \tag{3-17}$$

式中：N 为有效破片总数；R 为破片作用距离，m；L 为战斗部装药长度，m；Ω 为破片飞散角。

2.破片动态飞散特性

静态破片飞散角和方向角是战斗部地面静爆试验考核的两个重要的威力参数,但战斗部都是运动着接近并摧毁目标的,因此有必要分析破片的动态飞散角 Ω_v 和方向角 θ_v。设战斗部爆炸时的速度为 v_c,为了确定动态飞散特性参数的数学期望,下面以破片飞散中心的破片为代表加以分析。当攻角 α 为零时,破片动态速度 v_{0g}(相对地面坐标系,即绝对速度)是炸弹速度 v_c 和破片静态速度 v_0 的矢量和,动态时破片飞散中心处破片飞散方向的情况如图 3 - 15 所示。战斗部动、静状态下破片飞散特性对比如图 3 - 16 所示。

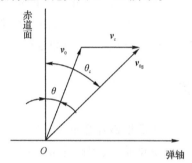

图 3 - 15　动态破片飞散方向

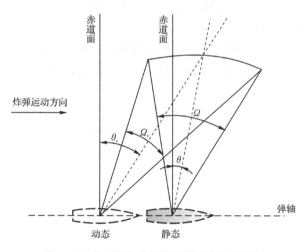

图 3 - 16　战斗部动、静状态下破片飞散特性对比

动态破片飞散速度可以下式求得:

$$v_{0g} = v_0 + v_c \qquad (3-18)$$

式中:v_0 为破片飞散中心处破片静态速度,m/s;v_c 为炸弹运动速度,m/s。

由图 3 - 16 可知,战斗部运动状态下破片的动态飞散角小于静态时的破片飞散角,运动状态下破片方向角较静止状态前倾,随着炸弹速度的增加,前倾趋势更加明显。可以通过增加炸弹的速度来增加破片的动态飞散速度,但炸弹速度增加时破片飞散角会减小,因此要根据实际需要确定炸弹的运动速度。

|3.4 杀爆战斗部威力试验|

杀爆战斗部威力试验一般分为地面静止威力试验和动态威力试验。地面静止威力试验主要考核破片的破碎性、飞行性、杀伤性和飞散性等;动态威力试验一般结合全弹性能考核试验同步开展,不进行单独的考核。

3.4.1 破碎性试验

破碎性试验的目的是为了获取破片数量及其质量分布特性。中小型破片战斗部破碎性试验一般采用沙坑试验,大型破片战斗部通常采用球形靶试验中的破片回收、穿孔尺寸对比等方式对其破碎性进行评价。

沙坑试验的基本设计如图 3 - 17 所示,爆坑内置底座 1 和盖板 2,战斗部 7 位于由一定强度的胶合板或纸板制作的套筒 4、5 中心,套筒 4、5 内填充有减速沙层,底座 1 和隔板 3 均覆盖有一定厚度的沙层。战斗部放置在支架 6 上,四周与内筒均保持一定距离,战斗部通过导线在远端控制起爆。

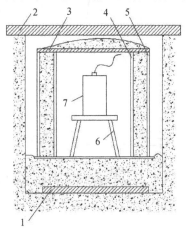

图 3 - 17 战斗部的沙坑试验示意图

战斗部爆炸后,用一定孔径(4~9 孔/cm²)的金属筛将沙层过筛,筛取回收破片。通常,要求回收破片总重能达到壳体质量的 90% 以上,才可认为回收数据有效。沙层的厚度应能回收全部破片,厚度可以根据别列赞公式估计:

$$L = K_n \frac{q}{d^2} v_c \qquad (3-19)$$

式中:L 为破片侵入沙层的行程,m;q 为破片的质量,kg;d 为破片迎风面积的折算直径,cm;v_c 为破片对沙层着速,m/s;K_n 为修正系数,对于潮湿的沙子 $K_n = 0.05$,一般情况下 $K_n = 0.05 \sim 0.09$。

表 3-7 给出了实践中采用的爆坑圆柱筒尺寸,可以为爆坑尺寸设计提供参考。

表 3-7 沙坑试验参考尺寸

直径/mm	内圆柱筒		爆坑深 mm	外筒直径 mm	底部沙层厚 mm
	高度/mm	直径/mm			
25~75	380	250	800	800	250
75~100	650	500	1 500	1 500	500
100~160	1 000	750	2 250	2 250	750
400	5 000	1 060	7 000	2 660	800

按照质量对回收破片进行分组,一般为 10~20 组,根据多发战斗部爆炸结果,对每组质量算出平均数,并填入表 3-8 中。

表 3-8 战斗部破碎性试验数据统计表

战斗部编号	破片质量分组												q_1 以下破片总质量	有效破片总数 N	有效破片总质量占比 (%)	回收总质量	破片回收率
	< q_1		$q_1 \sim q_2$		$q_2 \sim q_3$		...		$q_{n-1} \sim q_n$								
	n	q	n	q	n	q	n	q	n	q							

根据表 3-8 中数据,计算每一个质量间隔的平均密度为

$$f(q_i) = \frac{N_i}{N \Delta q_i} \qquad (3-20)$$

分布函数为

$$F(q_i) = \sum_{i=1}^{n} f(q_i) \Delta q_i \qquad (3-21)$$

式中:N 为有效破片数;Δq_i 为破片质量分组间隔;N_i 为第 i 组质量的破片数。

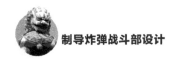

从而得到破片数按质量分布的分布密度及分布函数的阶梯图。光滑处理后,可以作出破片质量分布规律曲线。

3.4.2 破片飞行性试验

破片飞行性试验的目的是测试破片平均初速、速度衰减系数,通常采用靶网测速法和高速摄影法,最常用的是多路靶网测速法。

靶网测速法的场地布置有直线靶与阶梯靶两种,直线靶可以同时记录多路数据,阶梯靶只能记录一路数据。确定靶网尺寸时要考虑靶网能拦截到的破片数量,通常至少能拦截到 $5\sim10$ 个破片。

运用多路靶网测速,一次试验可以在同一距离处得到多个时间值,若某个时间值与平均值的离差超过均方差的 3 倍,则可以认为该数据异常,剔除后采用平均值替代。时间平均值求解如下:

$$t_i = t_{i-1} + \frac{\sum_{k=1}^{n} t_i^{(k)} - \sum_{k=1}^{n} t_{i-1}^{(k)}}{n} \tag{3-22}$$

式中:n 为在同一距离上标准点的方向数;$t_i^{(k)}$ 和 $t_{i-1}^{(k)}$ 为同方向的相邻点的时间值;k 为有标准点的方位数编号。

如在某个最小距离处时间存在异常,可用下式计算结果替代:

$$t_i = t_{i+1} - \frac{\sum_{k=1}^{n} t_{i+1}^{(k)} - \sum_{k=1}^{n} t_i^{(k)}}{n} \tag{3-23}$$

对异常数据修正后,在每个距离处的平均值为

$$\bar{t}_i = \frac{\sum_{k=1}^{n} t_i^{(k)}}{n} \tag{3-24}$$

根据 $\bar{t}_i$ 值,可以求解得到每个靶间距距离内的平均速度为

$$\frac{v_i + v_{i+1}}{2} = \frac{s_{i+1} - s_i}{\bar{t}_{i+1} - \bar{t}_i} \tag{3-25}$$

在杀伤半径内,可以认为破片的速度衰减规律符合下式:

$$v_r = v_0 e^{-K_a r} \tag{3-26}$$

式中:v_r 为在距离 r 处破片的速度;v_0 为破片初速;K_a 为速度衰减系数。

根据最小二乘法原理,初速 v_0 和衰减系数可以按下式计算:

$$\ln v_0 = \frac{\sum\limits_{i=1}^{I}\ln v_i \sum\limits_{i=1}^{I} r_i^2 - \sum\limits_{i=1}^{I} r_i \sum\limits_{i=1}^{I} r_i v_i}{I\sum\limits_{i=1}^{I} r_i^2 - \left(\sum r_i\right)^2} \tag{3-27}$$

$$K_a = \frac{I\sum\limits_{i=1}^{I} r_i - \sum\limits_{i=1}^{I}\ln v_i \sum\limits_{i=1}^{I} r_i}{\left(\sum\limits_{i=1}^{I} r_i\right)^2 - I\sum\limits_{i=1}^{I} r_i^2} \tag{3-28}$$

式中：i，I 为测试点标记和测试点总数；v_i，r_i 为测试点 i 的测试速度和距离值。

3.4.3　破片飞散性试验

破片飞散性试验用于测试战斗部破片飞散角 Ω、方向角 θ 以及破片在飞散区内的分布规律。在试验中往往采用弧形靶布设方案，布设半径与战斗部威力半径相当或略小，靶板可采用 0.5 mm、1 mm、1.5 mm 等厚度的薄钢板，如图 3-18所示。在靶面上应标记经纬度，靶面展开示意图如图 3-19 所示。在静爆试验中，经纬度间隔可以取值 5°～9°不等。

战斗部爆炸后，破片在靶面上将形成穿孔或凹坑，通常破片数为穿孔数与凹坑数之和。由于战斗部为回转体结构，在周向的分布可以认为是均匀的，所以在每个 $\Delta\alpha$ 内的破片数应基本相当。

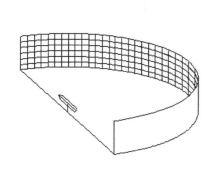

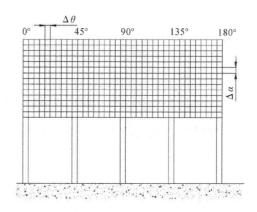

图 3-18　战斗部飞散性试验靶板布设示意图　　　　**图 3-19　靶面展开示意图**

下面统计每个 $\Delta\theta_i$ 内的破片数 $N_{\theta i}$，靶板的高度为 H，弧形靶的布设半径为 R，则战斗部的破片总数为

$$N = \frac{2\pi R}{H} N_n \tag{3-29}$$

式中：N_n 为靶面破片总数。

破片数在方向角 θ_i 内的相对数量为

$$p_{\theta i} = \frac{N_{\theta i}}{N} \tag{3-30}$$

其沿方向角 θ 的平均分布密度为

$$\bar{p}_{\theta i} = \frac{N_{\theta i}}{N \Delta \theta} \tag{3-31}$$

3.4.4 破片杀伤性试验

杀伤性试验主要测试杀伤范围内破片的分布密度以及破片穿甲率,破片密度的测试方法与飞散性测试基本相同。关于破片穿甲率试验,通常按战技术指标要求单独设靶考核。为避免测试结果出现偏差,弧形靶布设角度一般不应少于 30°,确因布靶考核距离过大时,布靶面积一般不应少于 $10~\text{m}^2$,如图 3-20 所示。

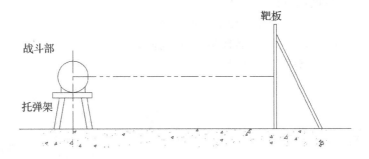

图 3-20　破片穿甲率试验布置图

穿甲率 P 的实测值由下式计算：

$$P = \frac{n}{N} \% \tag{3-32}$$

$$N = n + \xi \tag{3-33}$$

式中：n 为靶上穿孔数；ξ 为靶上凹坑数。

第 4 章

动能侵彻战斗部设计

|4.1 概　　述|

随着空地打击能力的不断提高,为了防御大规模杀伤性武器的袭击,进一步提升高价值军事目标的生存能力,世界许多国家的军事指挥中心、通信控制中心、导弹发射井、高价值的武器库、大规模的地下掩体等重要的军事设施都转移至地下,而且采用了深埋加固等措施加强防护,抗毁伤能力显著增强。精确打击乃至摧毁这类目标,即可在战争中抑制对方的进攻,掌握战争的主动权。如何有效地对付这些目标,已成为倍加关注的问题。面对越来越完善的防御工事,各国军事部门积极寻求应对方法。丰富打击手段、增强打击能力、发展精确打击敌坚固深埋目标的能力已成为迫切需求,打击深埋目标武器是未来军事领域的重要发展方向。

动能侵彻战斗部是用于打击地下指挥所、地面加固目标、地下战略导弹基地设施以及深埋于地下的指挥中心等目标的主要手段,其可利用自身动能撞击侵彻硬或半硬目标,侵彻战斗部穿透目标后,延迟引信引爆高能炸药,依靠爆炸后产生的高速破片或冲击波可对掩体内部的设备和人员进行毁伤。

1.美国 BLU - 109/B 侵彻弹

BLU - 109/B 是由美国空军系统指挥部的弹药部和洛克希德·马丁公司导弹与航天分公司为解决普通炸弹在打击硬目标时侵彻能力不足与终点跳飞问题

于 20 世纪 80 年代联合开发的,1987 年完成研制工作,随后由洛克希德・马丁公司奥斯汀(Austin)工厂生产,1995 年开始服役。BLU - 109/B 的研究和集成工作一直在进行,到 1999 年 1 月,共生产了 31 091 枚 BLU - 109/B 和 5 565 枚 BLU - 109 炸弹,目前仍在生产,其外观如图 4 - 1 所示。

图 4 - 1 美国 BLU - 109/B 战斗部

BLU - 109/B 弹体结构细长,壳体采用优质炮管钢一次锻造而成,材料为 4340 合金钢,壳体厚度约为 25 mm,在尺寸和形状上类似于 MK84 战斗部,但壳体材料强度明显高于后者,内装 242.9 kg 的 Tritonal 高能炸药或 PBXN - 109 炸药。为了能与 MK84 尾舱通用,战斗部尾部设计成喇叭口形状。BLU - 109/B 没有弹头引信,通常采用安装在尾部的 FMU - 143A/B 机电引信,其具体结构如图 4 - 2～图 4 - 4 所示。当战斗部侵入目标时,引信可判断其侵入的不同介质,并在最佳时机起爆战斗部装药。

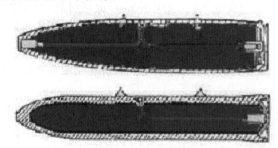

图 4 - 2 MK84(上)和 BLU - 109/B(下)战斗部剖面对比图

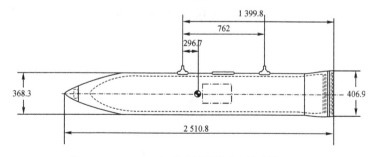

图 4 - 3 BLU - 109/B 战斗部外形尺寸图(单位:mm)

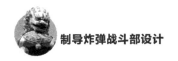

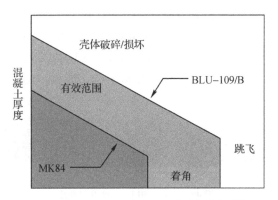

图4-4　BLU-109/B与MK84战斗部威力比较

2.美国BLU-116/B侵彻战斗部

1995年,洛克希德·马丁公司接受了美国空军的一项合同,负责研制先进侵彻战斗部(AUP),也称为BLU-116/B,以改进2 000 lb(约907 kg)级BLU-109/B。BLU-116/B外形与BLU-109/B相似,但长径比更大,壳体较厚,约为50 mm,弹体横截面积仅为BLU-109/B战斗部的1/2,如图4-5所示。BLU-116/B头部采用高强度的1410镍钴合金钢材料(空军代号为1410)。与BLU-109/B战斗部相比,其头部形状进行了改进,炸药装药量减少。为保持与BLU-109/B相同的空气动力特性以及与AGM-130和GBU-24相同的制导控制组件,在其外部加装了铝质外壳蒙皮,铝质外壳蒙皮在战斗部撞击目标时会脱落。

BLU-116/B战斗部装填108.86 kg的Tritonal高能炸药或PBXN-109炸药。海军使用时,通常采用FMU-143K/B、FMU-143L/B、FMU-143M/B尾部机电引信。虽然BLU-116/B保持了与BLU-109/B战斗部相关的机械接口,但其侵彻能力明显超过了后者。在已经进行过的火箭橇试验中,BLU-116/B成功侵彻了3.35 m厚的加固混凝土墙,相当于30 m厚土层。

图4-5　BLU-116/B战斗部

BLU - 116/B 战斗部的主要战术技术性能如下：

(1)质量：770 kg；

(2)长度：具有保护帽 2.502 m，W/O 保护帽 2.413 m；

(3)直径：254 mm；

(4)吊耳间距：762 mm；

(5)侵彻威力：3.6～6.1 m 厚混凝土层，30 m 厚土层；

(6)配用引信：FMU - 143 系列、FMU - 152/B、FMU - 157/B、FMU - 159/B 等；

(7)炸药类型：Tritonal 或 PBXN - 109；

(8)炸药质量：108.86 kg；

(9)装填系数：0.141；

(10)壳体材料：1410 镍钴合金；

(11)壳体厚度：50 mm。

3.美国 BLU - 113/B 侵彻战斗部

为解决 BLU - 109/B 在海湾战争初期表现出的侵彻能力不足的问题，美军紧急研制出了 2 268 kg 级的 BLU - 113/B 侵彻战斗部，如图 4 - 6 所示。BLU - 113/B 侵彻战斗部采用 203 mm 炮管作为壳体，弹壁较厚，内部装填约 285.76 kg 的 Tritonal 高能炸药或 PBXN - 109 炸药，可侵彻 6.7 m 厚的加固混凝土层或 30 m 厚的黏土层，通常采用 FMU - 143F/B、FMU - 143 - G/B、FMU - 143 - H/B 尾部机电引信。

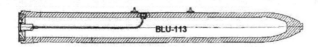

图 4 - 6　BLU - 113/B 侵彻战斗部

BLU - 113/B 侵彻战斗部主要战术技术性能如下：

(1)质量：1 995.8 k；

(2)长度：3.886 m；

(3)直径：368.3 mm；

(4)侵彻威力：6.7 m 厚加固混凝土层，30 m 厚黏土层；

(5)配用引信：FMU - 143 系列、FMU - 152/B、FMU - 157/B 等；

(6)炸药类型：Tritonal 或 PBXN - 109 或 AFX - 1100；

(7)炸药质量：285.76 kg；

(8)装填系数：0.143；

(9)壳体材料:HP-9-4-20钢;

(10)壳体厚度:57.9 mm。

4.美国BLU-122/B侵彻战斗部

2001年,根据美国军方要求,工业部门对BLU-113/B战斗部进行了优化设计,着重提高战斗部的杀伤威力、侵彻能力、侵彻中的生存能力,并要求满足钝感弹药要求,最终形成新的战斗部BLU-122/B,其结构示意如图4-7所示。BLU-122/B由ES-1高强度钢制成,并装有不敏感的AFX-757高爆炸药。侵彻试验(见图4-8)结果表明,与BLU-113/B战斗部相比,其爆炸毁伤效能提高了70%,侵彻能力提高了20%～25%,侵彻中的生存能力提升了30%。

图4-7 BLU-122/B侵彻战斗部

图4-8 BLU-122/B战斗部侵彻试验

BLU-122/B侵彻战斗部主要战术技术性能如下:

(1)质量:2 018.5 kg;

(2)长度:4.038 m;

(3)直径:389 mm;

(4)侵彻威力:7～7.5 m厚混凝土层,36 m厚土层;

(5)配用引信:FMU-143系列、FMU-152/B等;

(6)炸药类型:AFX-757或PBXN-110;

(7)炸药质量:354.3 kg;

(8)装填系数:0.141;

(9)壳体材料:ES-1高强钢;

(10)壳体厚度:44.5 mm。

|4.2　动能侵彻战斗部设计|

4.2.1　总体方案

　　动能侵彻战斗部由头部、圆柱形直线部和弹底部三部分组成。动能侵彻战斗部在设计中要充分考虑全弹总体的结构布局,同时还要考虑战斗部的防跳弹性能、侵彻能力、装药安定性和结构强度等技术要求,并兼顾其制造的工艺性能。

　　动能侵彻战斗部技术方案设计受到诸多因素的影响,如爆炸威力、侵彻能力、结构强度、装药安定性、战斗部质量、质心位置、装药质量的匹配等。因此在设计中,应以侵彻战斗部的侵彻威力、结构强度和装药安定性为设计基础,以满足技术要求条件如质量、直径为前提,进行总体方案论证和参数设计、计算等,设计应遵循下述几项原则:

　　(1)在满足全弹总体约束条件的基础上,以结构强度、侵彻能力、装药安定性和装药量为目标,优化侵彻战斗部的几何外形,最大程度地提高战斗部的侵彻能力和装药量,从而提高战斗部侵彻爆炸的后效威力;

　　(2)采取有效措施,尽可能地增大侵彻战斗部不跳弹的着角,以提高制导炸弹战斗部的攻击潜力;

　　(3)在保证炸药安定性的条件下,选用高威力炸药。

4.2.2　头部形状

　　战斗部的弹头部通常选择尖卵形、尖锥形或截卵形、截锥形,研究表明,尖卵形弹头更适合于深层侵彻。尖卵形弹头的形状因子为

$$N = \frac{1}{2\psi} - \frac{1}{24\psi^2} \qquad (4-1)$$

式中:$\psi = s/d$ 为尖卵形弹头曲径比(CRH)。

　　图 4-9 所示为尖卵形弹头的形状因子 N 随曲径比 ψ 的变化规律。当 $\psi < 3$ 时,N 下降迅速,表明采用尖卵形弹头并提高曲径比 ψ 可明显优化弹头的形状;而当 $\psi > 5$ 时,N 下降非常缓慢,表明更高曲径比 ψ 的尖卵形对弹头的形状优化作用已不明显。具有 $2.5 < \psi < 5$ 的曲径比的尖卵形弹头是较为合适的。

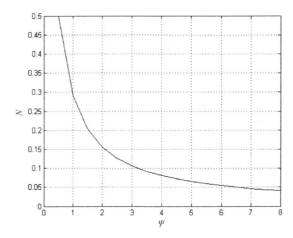

图 4 - 9   尖卵形弹头形状因子 N 与曲径比 ψ 的关系

4.2.3   战斗部壳体材料

弹体是完成侵彻功能的主体,在侵靶过程中保持弹体的完整性是非常重要的。战斗部在侵彻过程中,战斗部壳体经受了高达几千至数万 g 的冲击过载,因此战斗部壳体材料必须采用具有高强度、高硬度、高韧性等特征的合金钢,以便使弹头部在高速撞击过程中不会出现蘑菇弹头现象,影响其侵彻能力,弹体在侵彻目标防护层过程中不发生变形断裂等问题,确保主装炸药按计划起爆。

美国动能侵彻战斗部壳体材料主要有 4340 钢、1410 钢、HP9420 钢、HP9430 钢和 ES - 1 钢等,4340 钢是 BLU - 109/B 钻地战斗部材料用钢,1410钢和 HP9430 钢是 BLU - 116/B 钻地战斗部材料用钢,HP9420 钢是 BLU - 113/B 钻地弹头材料用钢,ES - 1 钢是 BLU - 122/B 钻地弹头材料用钢。美国侵彻战斗部常用材料力学性能见表 4 - 1。

表 4 - 1   美国侵彻战斗部常用材料力学性能

序　号	材　料	战斗部型号	力学性能			
			σ_b/MPa	σ_s/MPa	K_{IC}/(MPa·m$^{1/2}$)	HRC
1	4340	BLU - 109/B	1 500	1 365	75	46
2	HP9430	BLU - 116/B	1 520	1 310	99～115	44～48
3	HP9420	BLU - 113/B	1 380	1 280	148	43～37
4	ES - 1	BLU - 122/B	1 685	1 392	—	46.6

我国侵彻战斗部常用材料主要有 30CrMnSiNi2A、35CrMnSiA、G50、DT300、F175 等，这些材料都具有高强度、高韧性等特性，其综合力学性能（见表 4-2）与美国常用钻地战斗部材料性能相当。

表 4-2　我国侵彻战斗部常用高强度钢力学性能

力学性能	G50	DT300	35CrMnSiA	F175	30CrMnSiNi2A
σ_b/MPa	1 790	1 800	1 620	1 450	1 690
$\sigma_{0.2}/\text{MPa}$	1 440	1 450	1 280	1 300	1 300
$\delta/(\%)$	10	11.5	9	10	12
$\psi/(\%)$	45	45	40	45	45
HRC	49.6	—	—	45～48	46.5
$K_{IC}/(\text{MPa} \cdot \text{m}^{1/2})$	105	110	57	110	86
冲击功 A_{ku}/J	53	75*	31	60*	47

注：带 * 为 a_{ku}，是 A_{ku} 除以试样缺口底部截面积所得之商，单位为 J/cm²。

4.2.4　壳体厚度设计

根据战斗部侵彻过程中受力情况的理论分析，在垂直侵彻过程中承载最大的危险区域位于弧柱交界面处（见图 4-10），而在斜侵彻过程中承载最大的危险区域位于弧柱交界面至距弹头 $l/3$（l 为战斗部全长）长度的范围内。强度计算中采用等截面战斗部的危险截面壳体最小壁厚计算方法。

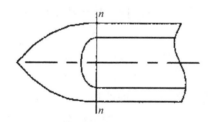

图 4-10　垂直侵彻时弹体结构强度校核位置图

基于侵彻动力学分析，在斜撞击角不大（$\beta < 30°$）的情况下，可忽略轴向载荷惯性项中 β 的影响，由屈服函数规整可得到弹体抗弯无量纲壳体壁厚 λ_{ht} 与长细比 λ_l、倾角 β、撞击函数 I 和弹头形状函数 N 等的相互影响关系，一方面是给定弹体设计后的着角要求：

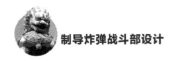

$$\sin\beta < \left[\frac{\sigma_{cr}}{Sf_c(1+I/N)} - \frac{(1-x_m/l)}{4\lambda_{ht}(1-\lambda_{ht})}\right] \bigg/ \frac{\lambda_1(x_m/l)(1-x_m/l)^2}{2\lambda_{ht}(1-3\lambda_{ht}+4\lambda_{ht}^2-2\lambda_{ht}^3)}$$

$$(4-2)$$

一般认为 λ_{ht}^2 及更高次项为小量而忽略其影响,式(4-2)可简化为

$$\sin\beta < \left[\frac{\sigma_{cr}}{Sf_c(1+I/N)} - \frac{(1-x_m/l)}{4\lambda_{ht}}\right] \bigg/ \frac{\lambda_1(x_m/l)(1-x_m/l)^2}{2\lambda_{ht}}$$

另一方面是一定着角范围内的弹体抗弯设计无量纲壳体壁厚要求:

$$\lambda_{ht} > \left[\frac{1}{2}\lambda_1\frac{x_m}{l}\left(1-\frac{x_m}{l}\right)^2\sin\beta + \frac{1}{4}\left(1-\frac{x_m}{l}\right)\right] \bigg/ \frac{\sigma_{cr}}{Sf_c(1+I/N)}$$

特别地,对于 β 为 0°的垂直侵彻情况,横向载荷 $F_{\perp avg}$ 为 0,上式退化为

$$\lambda_{ht} = \frac{h_t}{D} > \frac{1}{4}\left(1-\frac{x_m}{l}\right)\frac{Sf_c}{\sigma_{cr}}\left(1+\frac{I}{N}\right)$$

可得正侵彻下弹体壁厚设计准则或弹体抗压承载能力判据。

若将横向载荷下截面最大弯矩值与轴向载荷下截面最大压力值代入屈服函数,可对式(4-2)作更进一步简化,即

$$\frac{(sf_c + N^*\rho v^2)}{\sigma_{cr}} \frac{1}{[1-(1-2\lambda_{ht})^2]}\left[\frac{\lambda_1}{[1+(1-2\lambda_{ht})^2]}\frac{16}{27}\sin\beta + 1\right] < 1$$

这一表达式给出了大长细比动能弹侵彻混凝土目标的结构强度设计保守条件。

定义强度储备系数 f 为材料的强度极限 σ_b 与设计载荷下结构内部应力 σ_{sj} 的比值,代入强度条件,可得

$$\sigma_{sj} = 4n_{x,max}G_g \big/ [\pi(D_n^2 - d_n^2)] = \sigma_b/f$$

求得最小壁厚为

$$\delta = \frac{D_n}{2} - \sqrt{\frac{D_n^2}{4} - \frac{G_g n_{x,max}f}{\pi\sigma_b}}$$

式中: $n_{x,max}$ 为最大过载系数; D_n 为曲线段与圆柱段交接面外径; d_n 为交接面内径; G_g 为交接面后部弹体的质量;在冲击载荷下, $f=1.5$ 。

4.2.5 装药设计

经过几十年的发展,美国侵彻战斗部主装药种类多,功效齐全,装药已经实现升级换代,由以 TNT 为基的熔铸炸药向以 PBX 为基的低易损炸药、钝感高能炸药方向发展,安全性大幅度提高,毁伤威力得到增强。国外现役侵彻战斗部的名称和装药见表 4-3。

表 4-3　国外现役侵彻战斗部名称及其装药

国　别	战斗部名称或代号	主装炸药
美国	BLU-109/B	第一代 CE(特屈儿)/TNT 80/20，第二代 H6、Tritonal(特里托纳尔)，第三代 PBXN-109
	J-1000,1500	推测为 PBXN-109
	BLU-116/B	PBXN-109
	BLU-113/B	AFX-1100
	I-2000	AFX-708
	SLAM-ER 战斗部	PBXC-129
	BLU-111	PBXN-109、PBXC-129 改进型
法国	AS-30L 空地导弹侵彻战斗部	第一代 RDX(黑索金)/TNT，第二代 B2214
	CBEMS 125(250)	B2214
	KRISS	B2211
法国、德国	MEPHISTO	KS22

回顾国外侵彻武器装药技术的发展，大概经历了以下三个阶段：

(1)传统侵彻战斗部用熔铸炸药。20 世纪 80 年代，以美国为首的西方国家的侵彻武器装药基本上使用的是 TNT、H6、Tritonal 等熔铸炸药，如美国钻地战斗部 BLU-109/B 使用的是第一代主装炸药 80CE/20TNT 和第二代主装炸药 Tritonal(80TNT/20AL)(见表 4-3)。法国的 AS-30 激光制导空面导弹(AS-30L)早期设计的侵彻战斗部装药为 RDX/TNT 熔铸炸药。但由于 TNT 自身所固有的特性，使以 TNT 为基的熔铸炸药具有脆性大、强度低、易产生缩孔和裂纹、高温渗油等不可克服的缺点。

随着新型武器的战场环境和使用环境逐渐变得苛刻，熔铸类炸药安全性较低，大部分配方无法通过 IM(钝感弹药)等安全测试评价标准。在面对高过载及恶劣环境的情况下，容易发生燃烧甚至爆炸反应，因此，国外已经越来越少将熔铸炸药应用于侵彻钻地武器中，已应用熔铸炸药的侵彻战斗部大多进行了装药升级改进，一般都会选用钝感 PBX 炸药代替熔铸炸药。

(2)现代侵彻武器采用低易损性炸药。低易损性炸药以浇注 PBX 炸药为主，与熔铸炸药相比主要有以下优点。

1)提高了炸药威力。浇注 PBX 炸药的爆炸威力和毁伤效果比以 TNT 为基的熔铸炸药具有显著提高。

2)提高了弹药装药的安全性和环境适应性。浇注 PBX 炸药一般都具有钝感炸药的特性,安全性较好,长储寿命可达 20 年以上,具有勤务处理简单、环境适应性好等优点。

3)提高了装药的抗高过载能力。浇注 PBX 炸药类似弹塑性体,抗过载能力优于其他混合炸药。

因此,侵彻战斗部采用浇注 PBX 炸药作为主装药,是现代侵彻型武器装备发展的重要方向之一。

目前,美国用于侵彻战斗部的主要炸药是 PBXN-109,近年来又新发展了AFX-757、AFX-1100、AFX-708 和 PBXC-129 等;法国硬目标侵彻弹的主装药为 PBX 类 B2214。表 4-4 列出了国外常用 PBX 炸药的组成及性能,可以看出,这些 PBX 炸药具有较低的感度和易损性。

表 4-4　国外常用 PBX 炸药的组成及性能

主装炸药	组成成分	性　能
PBXN-109	RDX：AL(铝粉)：HTPB(端羟基聚丁二烯)：DOA(己二酸二辛脂)：其他＝64：20.0：7.3：7.3：1.4	感度和易损性较 H6 低
AFX-757	RDX：AP(高氯酸铵)：AL：HTPB＝25：30：33：12	已通过所有 IM 分类试验和危险分类试验
PBXN-110	HMX(奥克托今)：HTPB：IDP(二磷酸肌酐)：其他＝88：5.37：5.37：1.26	—
PBXC-129	HMX：LM 黏合剂＝89：11	$\rho=1.72$ g/cm^3
AFX-1100	TNT：OD2 蜡：AL＝66：16：18	$\rho=1.53$ g/cm^3；$D=6\,600$ m/s，通过了快烤燃、枪击、殉爆等试验;冲击感度极低
B2214	NTO(硝基三)：HMX：HTPB＝72：12：16	$\rho=1.63$ g/cm^3；$D=7\,495$ m/s

（3）未来侵彻弹药将采用钝感高能炸药作为主装药。随着战场目标防御能力的不断增强,对侵彻战斗部的打击能力和装药的要求越来越高,不敏感 PBX炸药已不能满足未来侵彻战斗部的发展需要,因此,钝感高能炸药已成为各国探索发展的主要目标。西方各军事大国均加强了新型炸药的研制工作,目的是通过安全与能量的有效匹配,在保证安全性的同时,使能量能够有较大的提高。

|4.3　动能侵彻战斗部威力分析|

4.3.1　战斗部侵彻深度经验公式

对侵彻深度进行预测是开展战斗部侵彻混凝土效应研究中不可或缺的环节。由于弹体冲击混凝土、岩石等靶体的动态机理非常复杂,加之混凝土、岩石等高应变率本构模型的复杂性,所以常利用经验公式对混凝土、岩石等的侵彻深度进行预计。经验公式一般有两种形式:①根据大量的侵彻数据得到的纯经验公式;②先对作用在弹体上的阻力作简化假设,运用动力学运动方程推导出计算公式,然后用试验数据来推导计算模型中所需要的参数,称作半经验公式。经验公式在钻地武器研究过程中起到了重要作用,为进行钻地武器侵彻能力评估提供了重要依据和手段。

(1)Young 公式。Young 公式是由美国圣地亚国家实验室的 C.W. Young 在 3 000 多次试验的基础上统计分析得到而用来预估钻地弹侵彻深度的经验公式,该公式纯粹是试验数据的拟合,量纲不统一。C.W. Young 本人基于新的试验数据分别于 1979 年、1983 年、1988 年、2000 年对该侵彻公式进行了修正,得出了侵彻土、岩石、混凝土统一的经验公式。

Young 公式的形式如下:

$$H = \begin{cases} 0.000\,018 KSN \left(\dfrac{m}{A}\right)^{0.7} (v - 30.5) \,, v > 61 \text{ m/s} \\ 0.000\,8 KSN \left(\dfrac{m}{A}\right)^{0.7} \ln(1 + 2.15 v^2 \, 10^{-4}) \,, v \leqslant 61 \text{ m/s} \end{cases} \tag{4-3}$$

式中:H 为侵彻深度,m;m 为弹重,kg;v 为侵彻速度,m/s;A 为弹体的横截面面积,m^2;S 为可侵彻性指标;N 为弹头形状影响系数;K 为侵彻修正系数。

1)可侵彻性指标 S。对于土介质,典型土壤 S 值见表 4 - 5。

表 4 - 5　典型土壤 S 值

S 值	靶材料描述
0.2～1	高强度大块岩石,几乎无裂纹;钢筋混凝土,能承受 14～35 MPa 的压强
1～2	非常坚硬的饱和冻土或冻黏土;低强度、风化的、有裂纹的岩石
2～3	大块石膏状沉积物;粗黏结砂、冻土、干泥灰岩;湿黏土

S 值	靶材料描述
4～6	较致密的中沙或粗沙,沙漠冲积土;坚硬、干燥密室的粉土或黏土
8～12	很松散的细沙,潮湿硬黏土或粉土,中等密度沙小于50%
10～15	有少许黏土或粉土的松散的湿表层土;中等密度、含沙、潮湿的中硬黏土
20～30	带有人工杂物、松散湿表层土,多数是沙或粉土;湿、软弱、低抗剪强度的黏土
40～50	很松散的沙质干燥表层土,饱和、很软的黏土或粉土,并具有极低的抗剪强度和高塑性

对于岩石,可侵彻性指标 S 采用下式计算:

$$S = 2.7 \, (f_c Q)^{-0.3} \tag{4-4}$$

式中:f_c 为岩石的无侧限抗压强度,MPa;Q 为岩石品质,它受节理、裂缝等因素影响。

Q 是依据工程判断得到的,考虑了水平裂缝和铅直裂缝的影响,其数值范围为 0.1～1.0,见表 4-6。

表 4-6　岩石类型及相应的 Q 值

岩石说明	Q 值
大块岩体	0.9
互层岩体	0.6
节理间距<0.5 m	0.3
节理间距>0.5 m	0.7
断裂的、块状的或开裂的	0.4
严重断裂的	0.2
轻微风化的	0.7
中度风化的	0.4
严重风化的	0.2
冰冻粉碎的	0.2
岩石质量非常好	0.9
岩石质量良好	0.7
岩石质量中等	0.5
岩石质量差	0.3
岩石质量非常差	0.1

对于混凝土，可采用下式计算 S 值：

$$S = 0.085K_e(11-P)(t_cT_c)^{-0.06}(35/f_c)^{0.3} \qquad (4-5)$$

式中：P 为混凝土体积配筋率；t_c 为混凝土浇筑时间，年，当 $t_c > 1$ 时，取 $t_c = 1$；T_c 为靶体厚度与弹体直径的比值，$0.5 \leqslant T_c \leqslant 6$，当 $T_c > 6$ 时，取 $T_c = 6$；f_c 为混凝土的无侧限抗压强度，MPa。

$$K_e = (F/W_1)^{0.3} \qquad (4-6)$$

式中：W_1 为靶体宽度与弹体直径的比值；对于钢筋混凝土，$F = 20$，对于素混凝土，$F = 30$，对于薄板，F 减少一半。如果 $W_1 > F$，则 $K_e = 1$。

2）弹头形状影响系数 N。对于卵形弹头，弹头形状影响系数 N 可用下列公式计算：

$$N = 0.18L_n/d + 0.56 \qquad (4-7)$$

或

$$N = 0.18(\mathrm{CRH} - 0.25)^{0.5} + 0.56 \qquad (4-8)$$

对于锥形弹头，N 的计算公式为

$$N = 0.25L_n/d + 0.56 \qquad (4-9)$$

式中：L_n 为弹头部长度；d 为弹体直径；CRH 为弹体头部表面曲率半径与弹体直径之比。表 4-7 给出了几种典型弹头形状所对应的 N 值。

表 4-7　不同弹头形状的 N 值

弹头形状	弹头长径比	弹头形状影响系数 N
平头	0	0.56
半球形	0.5	0.65
锥形	1	0.82
锥形	2	1.08
锥形	3	1.33
双锥形	3	1.31
正切卵形	1.4	0.82
正切卵形	2	0.92
正切卵形	2.4	1.00
正切卵形	3	1.11
正切卵形	3.5	1.19
反转卵形	2	1.03
反转卵形	3	1.32

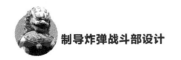

3）侵彻修正系数 K。

对于土壤侵彻，有

$$\left.\begin{array}{l} K=0.27\,(M)^{0.4}\ ,\ M<28\ \mathrm{kg} \\ K=1.0,其他 \end{array}\right\} \tag{4-10}$$

对于岩石和混凝土侵彻，有

$$\left.\begin{array}{l} K=0.46\,(M)^{0.15}\ ,\ M<182\ \mathrm{kg} \\ K=1.0,其他 \end{array}\right\} \tag{4-11}$$

Young 公式可广泛地应用于混凝土、多层介质、冻土等不同类型介质的侵彻计算，尤其是在速度介于 $200\sim600\ \mathrm{m/s}$ 之间时，精度较高。但在弹体质量较小时，计算精度偏差较大。

（2）修正 Petry 公式。

$$\frac{H}{d}=k\,\frac{M}{d^3}\lg\left(1+\frac{v_0^2}{19\ 974}\right) \tag{4-12}$$

$$\frac{e}{d}=2\,\frac{H}{d} \tag{4-13}$$

$$\frac{h_s}{d}=2.2\,\frac{H}{d} \tag{4-14}$$

$$v_{\mathrm{bl}}=\sqrt{19\ 974\left[10^{(Td^2/2kM)}-1\right]} \tag{4-15}$$

$$v_{\mathrm{r}}=\sqrt{v_0^2-v_{\mathrm{bl}}^2} \tag{4-16}$$

式中：H 为侵彻深度；d 为弹体直径；M 为弹体质量；v_0 为弹体的着靶速度；e 为贯穿极限厚度；h_s 为碎甲极限厚度；v_{bl} 为对应厚度为 T 的靶板的弹道极限速度；v_{r} 为弹体贯穿厚度为 T 的靶板的剩余速度；f_c 为靶板抗压强度；$k=6.36\times10^{-4}$ 对应普通混凝土，$k=3.39\times10^{-4}$ 对应一般钢筋混凝土，$k=2.26\times10^{-4}$ 对应特殊（强）钢筋混凝土。

（3）Ballistic Research Laboratory（BRL）公式。

$$\frac{H}{d}=\frac{1.33\times10^{-3}}{\sqrt{f_c}}\left(\frac{M}{d^3}\right)d^{0.2}v_0^{1.33} \tag{4-17}$$

$$\frac{e}{d}=1.3\,\frac{H}{d} \tag{4-18}$$

$$\frac{h_s}{d}=2\,\frac{H}{d} \tag{4-19}$$

$$v_{\mathrm{bl}}=\left[\frac{T\,\sqrt{f_c}\,d^{1.8}}{1.3\times1.33\times10^{-3}M}\right]^{\frac{1}{1.33}} \tag{4-20}$$

$$v_{\mathrm{r}}=\sqrt{v_0^2-v_{\mathrm{bl}}^2} \tag{4-21}$$

式中：H 为侵彻深度；d 为弹体直径；M 为弹体质量；v_0 为弹体的着靶速度；e 为贯穿极限厚度；h_s 为碎甲极限厚度；v_{bl} 为对应厚度为 T 的靶板的弹道极限速度；v_r 为弹体贯穿厚度为 T 的靶板的剩余速度；f_c 为靶板抗压强度。

（4）Army Corps of Engineers（ACE）公式。

$$\frac{H}{d} = \frac{3.5 \times 10^{-4}}{\sqrt{f_c}}\left(\frac{M}{d^3}\right)d^{0.215}v_0^{1.5} + 0.5 \tag{4-22}$$

对于大弹，有

$$\left.\begin{array}{l} e/d = 1.32 + 1.24(H/d),1.35 < \dfrac{H}{d} < 13.5 \text{ 或 } 3 < \dfrac{e}{d} < 18 \\[3mm] h_s/d = 2.12 + 1.36(H/d),0.65 < \dfrac{H}{d} < 11.75 \text{ 或 } 3 < \dfrac{h_s}{d} \leqslant 18 \end{array}\right\} \tag{4-23}$$

对于小弹，有

$$\left.\begin{array}{l} e/d = 1.23 + 1.07(H/d),1.35 < \dfrac{H}{d} < 13.5 \text{ 或 } 3 < \dfrac{e}{d} < 18 \\[3mm] h_s/d = 2.28 + 1.13(H/d),0.65 < \dfrac{H}{d} < 11.75 \text{ 或 } 3 < \dfrac{h_s}{d} \leqslant 18 \end{array}\right\} \tag{4-24}$$

$$v_{bl} = \left[\frac{\left(\dfrac{T - 1.32d}{1.24} - 0.5d\right)\sqrt{f_c}\,d^{1.785}}{3.5 \times 10^{-4}M}\right]^{1/1.5} \tag{4-25}$$

$$v_r = \sqrt{v_0^2 - v_{bl}^2} \tag{4-26}$$

式中：H 为侵彻深度；d 为弹体直径；M 为弹体质量；v_0 为弹体的着靶速度；e 为贯穿极限厚度；h_s 为碎甲极限厚度；v_{bl} 为对应厚度为 T 的靶板的弹道极限速度；v_r 为弹体贯穿厚度为 T 的靶板的剩余速度；f_c 为靶板抗压强度。

（5）修正 NDRC 公式。NDRC 公式用来计算战斗部对混凝土的贯穿极限。

$$G = 3.8 \times 10^{-5}\frac{N^* M}{d\sqrt{f_c}}\left(\frac{v_0}{d}\right)^{1.8} \tag{4-27}$$

$$\left.\begin{array}{l} H/d = 2G^{0.5},G \leqslant 1 \\[2mm] H/d = G + 1,G > 1 \end{array}\right\} \tag{4-28}$$

式中：H 为侵彻深度；d 为弹体直径；M 为弹体质量；v_0 为弹体的着靶速度；$N^* = 0.72$ 对应平头弹，$N^* = 0.84$ 对应钝头弹，$N^* = 1.0$ 对应半球头弹，$N^* = 1.14$ 对应卵形和锥形弹头。

$$\left.\begin{array}{l} \dfrac{e}{d} = 3.19\dfrac{H}{d} - 0.718\left(\dfrac{H}{d}\right)^2,\dfrac{H}{d} \leqslant 1.35 \text{ 或 } \dfrac{e}{d} \leqslant 3 \\[3mm] \dfrac{e}{d} = 1.32 + 1.24\dfrac{H}{d},1.35 < \dfrac{H}{d} < 13.5 \text{ 或 } 3 < \dfrac{e}{d} < 18 \end{array}\right\} \tag{4-29}$$

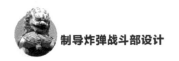

$$\left.\begin{array}{l} \dfrac{h_s}{d}=7.91\dfrac{H}{d}-5.06\left(\dfrac{H}{d}\right)^2,\dfrac{H}{d}\leqslant 0.65 \text{ 或 } \dfrac{h_s}{d}\leqslant 3 \\[4mm] \dfrac{h_s}{d}=2.12+1.36\dfrac{H}{d},0.65<\dfrac{H}{d}<11.75 \text{ 或 } 3<\dfrac{h_s}{d}\leqslant 18 \end{array}\right\} \quad (4-30)$$

$$\left.\begin{array}{l} v_{\mathrm{bl}}=\left\{\dfrac{\left[-3.19+\sqrt{10.176\ 1-2.872(T/d)/(-1.436)}\ \right]\sqrt{f_c}\,d^{2.8}}{3.8\times 10^{-5}N^*M}\right\}^{1/1.8}\cdot\dfrac{T}{d}\leqslant 3 \\[6mm] v_{\mathrm{bl}}=\left\{\dfrac{\left[(T/d-1.32)/1.24-1\right]\sqrt{f_c}\,d^{2.8}}{3.8\times 10^{-5}N^*M}\right\}^{1/1.8},3<\dfrac{T}{d}<18 \end{array}\right\}$$

$$(4-31)$$

$$v_r=\sqrt{v_0^2-v_{\mathrm{bl}}^2} \quad (4-32)$$

式中：H 为侵彻深度；d 为弹体直径；M 为弹体质量；v_0 为弹体的着靶速度；e 为贯穿极限厚度；h_s 为碎甲极限厚度；v_{bl} 为对应厚度为 T 的靶板的弹道极限速度；v_r 为弹体贯穿厚度为 T 的靶板的剩余速度；f_c 为靶板抗压强度；$N^*=0.72$ 对应平头弹，$N^*=0.84$ 对应钝头弹，$N^*=1.0$ 对应半球头弹，$N^*=1.14$ 对应卵形和锥形弹头。

（6）Hughes 公式。

$$\frac{H}{d}=0.19\frac{N_h I_h}{S} \quad (4-33)$$

$$I_h=\frac{Mv_0^2}{d^3 f_t} \quad (4-34)$$

$$S=1.0+12.3\ln(1.0+0.03I_h) \quad (4-35)$$

$$\left.\begin{array}{l} \dfrac{e}{d}=3.6\dfrac{H}{d},\dfrac{H}{d}<0.7 \\[4mm] \dfrac{e}{d}=1.58\dfrac{H}{d}+1.4,\dfrac{H}{d}\geqslant 0.7 \end{array}\right\} \quad (4-36)$$

$$\left.\begin{array}{l} \dfrac{h_s}{d}=5.0\dfrac{H}{d},\dfrac{H}{d}<0.7 \\[4mm] \dfrac{h_s}{d}=1.74\dfrac{H}{d}+2.3,\dfrac{H}{d}\geqslant 0.7 \end{array}\right\} \quad (4-37)$$

式中：H 为侵彻深度；d 为弹体直径；M 为弹体质量；v_0 为弹体的着靶速度；e 为贯穿极限厚度；h_s 为碎甲极限厚度；f_t 为靶板抗拉强度；$N_h=1.0$ 对应平头弹，$N_h=1.12$ 对应钝头弹，$N_h=1.26$ 对应半球头弹，$N_h=1.39$ 对应卵形和锥形弹头。

（7）Haldar – Hamiech 公式。

$$\frac{H}{d} = -0.030\ 8 + 0.225\ 1I_a, 0.3 \leqslant I_a \leqslant 4.0$$

$$\frac{H}{d} = 0.674\ 0 + 0.056\ 7I_a, 4.0 < I_a \leqslant 21.0 \qquad (4-38)$$

$$\frac{H}{d} = 1.187\ 5 + 0.029\ 9I_a, 21.0 < I_a \leqslant 455$$

$$I_a = \frac{MN^* v_0^2}{d^3 f_c} \qquad (4-39)$$

式中:H 为侵彻深度;d 为弹体直径;M 为弹体质量;v_0 为弹体的着靶速度;f_c 为靶板抗压强度;$N^* = 0.72$ 对应平头弹,$N^* = 0.84$ 对应钝头弹,$N^* = 1.0$ 对应半球头弹,$N^* = 1.14$ 对应卵形和锥形弹头。

(8)UKEAE 公式。

$$G = 3.8 \times 10^{-5} \frac{N^* M}{d \sqrt{f_c}} \left(\frac{v_0}{d}\right)^{1.8} \qquad (4-40)$$

$$\frac{H}{d} = 0.275 - (0.075\ 6 - G)^{0.5}, G \leqslant 0.072\ 6$$

$$\frac{H}{d} = (4G - 0.242)^{0.5}, 0.072\ 6 \leqslant G \leqslant 1.060\ 5 \qquad (4-41)$$

$$\frac{H}{d} = G + 0.939\ 5, G > 1.060\ 5$$

式中:H 为侵彻深度;d 为弹体直径;M 为弹体质量;v_0 为弹体的着靶速度;f_c 为靶板抗压强度;$N^* = 0.72$ 对应平头弹,$N^* = 0.84$ 对应钝头弹,$N^* = 1.0$ 对应半球头弹,$N^* = 0.1.14$ 对应卵形和锥形弹头。

式(4-41)中要求:$25v_0 < 300$ m/s,22 MPa$< f_c < 44$ MPa,$5\ 000 < M/d^3 < 200\ 000$。

(9)UMIST 公式。

$$\frac{H}{d} = \left(\frac{2}{\pi}\right) \frac{N^*}{0.72} \frac{Mv_0^2}{\sigma_c d^3}$$

$$\sigma_c = 4.2f_c + 135 \times 10^6 + [0.014f_c + 0.45 \times 10^6] v_0 \qquad (4-42)$$

式中:H 为侵彻深度;d 为弹体直径;M 为弹体质量;v_0 为弹体的着靶速度;f_c 为靶板抗压强度;$N^* = 0.72$ 对应平头弹,$N^* = 0.84$ 对应钝头弹,$N^* = 1.0$ 对应半球头弹,$N^* = 1.13$ 对应卵形和锥形弹头。

式(4-42)中要求:50 mm$< d < 600$ mm,35 kg$< M < 2\ 500$ kg,$0 < H/d < 2.5$,3 m/s$< v_0 < 662$ m/s。

(10)工程兵公式。总参工程兵科研三所在对国内外试验进行系统分析的基

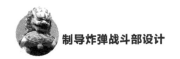

础上,进行了大量的侵彻试验,获得了 300 余组试验数据,并结合国外的试验数据,最终总结出新的准确性、可靠性都较高的侵彻深度预估公式,该公式的结构形式较 Young 公式更加合理,并且计算方法较 Young 公式更简单。

$$\left.\begin{array}{l} \dfrac{H}{D} = 0.557\,5KNP\left(\dfrac{M}{\rho_t D^2}\right)^{0.479\,4}\left(\dfrac{\sigma D^2}{Mg}\right)^{-0.350\,5}\left(\dfrac{v^2}{Dg}\right)^{0.530\,3}\ \begin{array}{l}150\ \text{m/s} \leqslant v \leqslant 600\ \text{m/s},\\ 0.2\ \text{kg} \leqslant M \leqslant 2\,500\ \text{kg}\end{array}\\[4mm] \dfrac{H}{D} = Pe^{Y}\quad 600\ \text{m/s} \leqslant v \leqslant 1\,200\ \text{m/s}, 0.3\ \text{kg} \leqslant M \leqslant 2\ \text{kg}\end{array}\right\}$$

$$(4-45)$$

$$Y = -3\,124.8 + 990.73\ln\left(\dfrac{M}{\rho_t D^3}\right) - 3.01\ln\left(\dfrac{\sigma D^2}{Mg}\right) + 0.913\,18\left(\dfrac{v^2}{Dg}\right)$$

$$(4-46)$$

$$P = \dfrac{11 - P'}{11} \qquad (4-47)$$

式中:$K = \begin{cases} 1.05M^{0.136}, M \leqslant 400\ \text{kg}\\ 0.9M^{0.136}, 400\ \text{kg} \leqslant M \leqslant 1\,500\ \text{kg}\\ 0.6M^{0.136}, 1\,500\ \text{kg} \leqslant M \leqslant 2\,500\ \text{kg}\end{cases}$;M 为弹体质量;N 为弹体弹头性能参数;ρ_t 为混凝土密度;D 为弹体直径;v 为弹体撞击速度;P' 为钢筋混凝土中的含筋率。

以经验公式的建立和拟合可知,在特定弹-靶系统和一定的速度范围内,基于大量的试验数据,由经验数据回归、假设的阻力形式和应用量纲原理建立的经验公式,具有很强的针对性,它在解决特定问题或指导进一步的试验方面具有重要的意义。在经验公式的试验条件相似的情况下,应用经验公式可以得到较为满意的结果,反之,则与实际侵彻结构相差较大,甚至得不到正确的结果,这就限制了经验公式的应用。

4.3.2 战斗部侵彻混凝土靶体空穴膨胀模型

目前对于深侵彻混凝土靶的研究方法主要有 Amini - Anderson 模型、微分面力法、空穴膨胀理论、正交层状模型、A - T 模型、速度场理论、局部相互作用理论等。其中,空穴膨胀理论(Cavity Expansion Theory)针对不同弹靶情况,逐渐发展出 SCET(球形空穴膨胀理论)和 CCET(柱形空穴膨胀理论)。空穴膨胀理论是研究侵彻效应的一种半解析方法,可根据计算侵彻不同时刻的侵彻阻力,通过积分获得侵彻速度和深度规律。

当战斗部正侵彻混凝土靶标时,战斗部对混凝土的毁伤效果包括内部的隧道区和一个表面的锥形区(高度为 kd,k 一般为 $2.0\sim2.5$)。在隧道区战斗部所受的阻力呈现下降的趋势,在锥形弹坑区战斗部所受的阻力呈现上升的趋势,由弹坑区到隧道区阻力脉冲先升高再下降。在两种不同的区域,战斗部所受到的轴向阻力为

$$\left.\begin{array}{l} F=cx,x/d<k \\ F=\pi d^2(Sf_c+\rho v^2)/4,x/d>k \end{array}\right\} \quad (4-48)$$

式中:d 为直径;c 为常数;v 为在靶体中的过程速度;S 为与靶板无约束抗压强度 f_c 相关的无量纲参数。

$$S=72.0f_c^{-0.5} \quad (4-49)$$

式中:f_c 单位为 MPa。

陈小伟的研究结果表明:根据撞击函数 I 和弹头形状函数 N,可以得到战斗部对靶板的侵彻深度;在有初始着角的侵彻中,对侵彻深度产生影响的因素除了 I 和 N 外,还将包括靶角 β。

撞击函数 I 和弹头形状函数 N 分别为

$$I=Mv_0/(d^3sf_c)$$
$$N\beta=M/(N^*\rho d^3) \quad (4-50)$$
$$\frac{1}{N}=N^*\rho v^2/(Sf_c)$$

侵靶中的减加速度为

$$a=F/M \quad (4-51)$$

侵彻过程中最大过载可近似为

$$a_{\max}=\frac{\pi d^2(Sf_c+N^*\rho v_0^2)}{4M}=\pi d^2Sf_c\left[1+\left(\frac{I}{N}\right)\right]\Big/(4M) \quad (4-52)$$

战斗部对靶板的无量纲的侵彻深度为

$$\frac{X}{d}=\frac{2}{\pi}NIn\left(1+\frac{I}{N}\right)+\frac{\kappa}{2} \quad (4-53)$$

以上通过总结混凝土空穴膨胀模型,获得了定量分析侵彻过载的方法,可为后续的制导炸弹战斗部的结构设计、强度校核等研究工作奠定基础。

4.4 战斗部性能验证试验方法

开展侵彻战斗部动态模拟试验,须采用合适的加载途径,使模拟或者真实战斗部具备足够的初始速度、攻角等参数,在较为接近真实攻击状态的情况下侵彻

目标,以达到预期试验效果。

目前常采用的试验方法主要包括轻气炮、火炮、平衡炮、火箭撬以及空投试验等途径。

(1)轻气炮。轻气炮是一种常见的实验室级别的高速加载设备,以强压缩气体作为发射动力,推动试验载体在炮膛内向前运动并达到预定速度。所采用的压缩气体一般为轻质气体,包括氢气、氦气、氮气等。该技术具备较多优点,可将试验载体加速至较高速度,可达到 7.5 km/s,试验重复性好,并对试验载体的质量、尺寸和形状等限制较弱,试验载体所承受的加速度以及应力均较小,不易产生逆向激励等不利影响。

在侵彻战斗部前期设计中,常利用轻气炮开展相关原理性摸索试验,对侵彻机理、材料响应特性等进行研究,为之后的战斗部设计提供理论依据。常用的轻气炮包括一级轻气炮和二级轻气炮,由于二级轻气炮的发射载荷会大大降低,通常为数克,所以对于侵彻战斗部的前期研究来说,最常用的为一级轻气炮。

一级轻气炮即只有一级驱动,利用轻质压缩气体推动试验载体在炮膛内加速。击发机构分为活塞式和破膜式。活塞式一般适用于口径 60 mm 以下;破膜式分为单破膜和双破膜两种,其中双破膜可精确控制破膜压力以保证试验可重复性。击发机构示意图如图 4-11 所示,当向高压室充气到预定压力时,快门机构迅速打开,高压气体随之进入发射管,推动弹丸加速,最后平稳地与靶相撞。

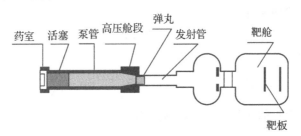

图 4-11 击发机构

以 100 mm 轻气炮(见图 4-12)为例,其主要指标如下:

1)发射试验弹质量为 0.5~8 kg;

2)炮口速度为 40~1 500 m/s;

3)速度重复性<1%;

4)碰撞角<0.5 rad。

图 4 - 12　100 mm 轻气炮

轻气炮试验中的基本参数设计是根据牛顿第二定律来进行的,即

$$v = (2SLP_x/M)^{\frac{1}{2}}$$

式中:v 为试验弹初速;S 为试验弹弹底面积;L 为炮管长度;P_x 为弹底等效压力;M 为试验弹质量。

因此,在特定的轻气炮上进行试验时,在确定所需试验弹着靶速度后,弹体结构参数一经固定,唯一需要控制的就是气体压力。

(2)火炮。使用现有装备火炮或者对其进行改进,使其具备发射模拟战斗部的能力,是当前模拟或真实战斗部进行侵彻试验的一类重要途径,其发射如图 4 - 13所示。其发射初速较高,且试验过程简单,能使用现有制式发射药。但发射时试验弹承受的发射加速度较高,与侵彻加速度相反,试验中必须考虑这种法向激励的不利影响。

在侵彻战斗部的设计研制过程中,其原理样机以及小型缩比弹多采用火炮试验进行,其操作简单,可反复进行,可为后期侵彻战斗部的研制提供数据支撑。

图 4 - 13　火炮试验

（3）平衡炮。平衡炮属于火炮的一种,但无后坐力,其基本原理是利用动量守恒,即在炮管内同时装填平衡体和弹丸,二者之间为火药,利用火药燃烧时产生的高压气体推动平衡体和弹丸同时运动,使弹丸在出炮口时达到预定速度,对靶体目标进行侵彻,以达到预期试验目的,其炮身有一体式和分段式两种,两者的工作原理及方式基本一致。其典型结构示意图如图 4-14～图 4-15 所示。

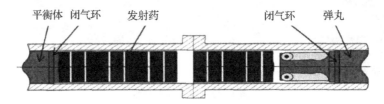

图 4-14 平衡炮身管及装药结构示意图

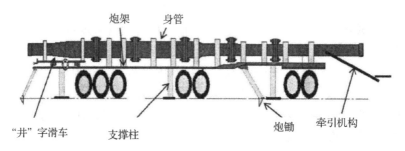

图 4-15 平衡炮总体结构示意图

与常规火炮不同,平衡炮利用动量守恒原理,平衡体与弹丸的质量基本相当,以平衡体的运动代替火炮上的反后坐装置,不存在大口径火炮的巨大后坐力,因此平衡炮可以做到大口径、大质量弹丸的发射,可通过调整发射药的装填量来实现较高的炮口初速,且使用流程简便、容易维护、成本较低,图 4-16 所示为 280 mm 大口径平衡炮。

图 4-16 280 mm 大口径平衡炮

目前平衡炮是大型战斗部试验最常用的手段之一,一般用于大尺寸或者 1∶1真实战斗部的动态侵彻模拟试验,有效解决了传统缩比试验对于质量和尺寸的限制,避免了尺寸效应。当前正在使用的平衡炮性能参数见表4-8。

表4-8　当前正在使用的平衡炮性能参数

火炮口径/mm	炮身全长/m	炮口动能/MJ	弹丸质量/kg
320	24.2	200	500
425	22.2	200	500
480	31.8	430	1 000
230	26.0	100	100

(4)火箭撬。火箭撬是常用的侵彻战斗部动态模拟试验的方法,为20世纪下半叶发展起来的大型地面动态模拟试验设备,可利用火箭发动机做功推动试验载体在滑轨上高速运动,以达到预定的速度、攻角等参数,模拟其真实的飞行状态,广泛应用于航空航天等领域,如图4-17所示。

图4-17　火箭撬试验

在战斗部侵彻试验中,常使用火箭撬来进行,其试验速度可调,范围广,可以满足侵彻试验各种不同的速度要求;其试验载体不受形状、质量限制,比如异形战斗部,而采用火炮、平衡炮等途径开展试验时存在一定的技术问题;试验可重复进行,弥补了一般室内试验和室外试验的不足,具备很好的使用价值和优越性,一般进行大尺寸或者1∶1真实战斗部的动态侵彻模拟试验,其试验示意图如图4-18所示。

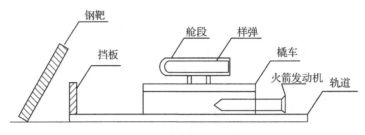

钢靶　挡板　舱段　样弹　橇车　火箭发动机　轨道

图 4 - 18　火箭橇试验示意图

（5）空投试验。空投试验即使用真实战斗部随全弹进行飞行试验，由载机在预定高度、速度、角度等约束下投放，一般是对真实或模拟目标进行打击，考核在实战状态下的战斗部侵彻、毁伤能力。

该试验一般随全弹进行，前期经过火箭橇、平衡炮试验验证后才可进行，作为最后的考核试验。空投试验应根据弹药与载机系统的基本情况，制定严谨的试验方案，对起降场地、投放区、观测设备等进行相关计划，起到试验目的，图4 - 19所示为相关空投试验图。

图 4 - 19　载机空投试验

第 5 章

子母战斗部设计

|5.1 概　　述|

子母战斗部是指装填多个相同或不同类型子弹药,并在预定的抛射点开舱,将子弹药抛撒出来,形成较大毁伤面积的一类武器。其常配装于各种中近程战术导弹、布撒器、火箭、炮弹等之中,用于毁伤典型面目标,如机场跑道及停机坪上的飞机、导弹技术阵地、兵力集结地等。子母战斗部种类较多,按母弹平台分类,有炮射型子母弹战斗部、航空子母炸弹(包含机载布撒器)战斗部、导弹子母战斗部等;根据子弹药类型的不同,其可分为反装甲子母战斗部、燃烧子母战斗部、区封子母战斗部、末敏子母战斗部、布雷式子母战斗部等。

子母战斗部的研究开始于 20 世纪 60 年代初期,随着坦克、步兵战车、自行火炮等集群目标的出现,美国开始研制 155 mm M483A1 杀伤/破甲多用途子母战斗部,1975 年 9 月配用于 M109A1 式 155 mm 自行榴弹炮上,从而使得压制武器能在远距离上对付装甲目标。

目前,世界上拥有子母式弹药的国家主要有美国、俄罗斯、英国、法国和德国等。

5.1.1　美国主要子母战斗部型号

(1)MK20"石眼"子母炸弹(见图 5-1)。MK20"石眼"子母炸弹是一种反装甲式子母炸弹,是美国在 20 世纪 60 年代初研制的,制造公司为霍尼韦尔公司,该子母弹在 1970 年正式装备美军部队。该子母弹主要被用来打击地面坦克装甲车辆、运输车队、武器弹药库、机场油库以及地面有生力量等。该子母弹的母弹平台为 MK6/7 Mod2,母弹内装有 247 颗 MK118 Mod2 反坦克子弹药。两种母弹平台完全相同,只是涂装标记不同,其中 MK6 用于海军,MK7 用于空军。

图 5 - 1　MK20"石眼"子母炸弹

该子母炸弹性能优越,主要有以下特点:①子弹药散布面积大,杀伤范围广,247 颗子弹药散布面积可达 4 800 m²;②投弹方式和普通航空炸弹一致,不受限制;③子弹药的破甲穿透能力强,可击穿的钢甲厚度为 50~80 mm;④该子母炸弹维护简单且易于保存。其性能参数见表 5 - 1。

表 5 - 1　MK20"石眼"子母炸弹性能参数

代　号	MK20 Mod2	引信装置	MK339 Mod0
全弹质量/kg	209	母弹平台	MK6/7 Mod2
全弹长/mm	2 337	穿透土壤厚度/mm	700~800
弹体直径/mm	335	穿透花岗岩厚度/mm	100~150
子弹药类型	MK118 Mod2	穿透钢甲厚度/mm	50~80
子弹药数量/颗	247	杀伤面积/m²	4 800
子弹药质量/kg	0.634		

(2)CBU - 107"被动攻击武器"(PAW)(见图 5 - 2)。CBU - 107 是美国于 2002 年研制的一种装有 WCMD 装置的子母炸弹,WCMD 是指将惯性制导组件和气动控制组件作为一个尾翼装置加到标准的母弹平台上,用于克服风的影响,消除发射误差和弹道误差,提高中、高空武器的投放精度。

图 5 - 2　CBU - 107"被动攻击武器"(PAW)

　　该子母弹是在美国"快速反应能力"项目下开发出来的。在 2002 年春季,美军需要研制一种新型精确打击的非爆炸型的子母弹。2002 年 9 月,美国空军投入 4 亿美元用于该项目的研制,该子母弹的首次试验是在 2003 年 1 月,同年 4 月美军向伊拉克战场投放了两枚 CBU - 107 子母炸弹。该子母炸弹的毁伤方式不是靠炸药的爆炸毁伤,而是靠动能金属杆。全弹由母弹平台(TMD)、WCMD 组件以及 3 750 根动能金属杆组成。其中金属杆包括 350 根 368 mm 长的钨合金穿甲弹、1 000 根 170 mm 长的钨合金穿甲弹、2 400 根 50.8 mm 长的钢穿甲弹。该子母弹主要用来打击没有防护的软目标,包括仓库、油库、电站等。

　　(3)CBU - 97/B"传感器引爆武器"(SFW)(见图 5 - 3)。CBU - 97/B 子母炸弹的子弹药采用的是一种末敏弹,型号为"斯基特"。该子母弹的名称为"传感器引爆武器"(Sensor Fuzed Weapon,SFW),简称"斯弗伍"。这种子母炸弹是美国于 20 世纪 80 年代初开始研制的武器型号,1993 年装备于美国空军部队,其主要有以下特点:①该弹具有防区外打击能力;②投弹方式和普通航空炸弹一致,不受限制;③该弹可以对地多目标攻击。

图 5 - 3　CBU - 97/B"传感器引爆武器"(SFW)

CBU-97/B 使用的母弹平台为 SUU-66/B,这是一种全新的战术子母弹平台,其母弹内可装填 10 个 BLU-108/B 末敏子弹药载体,分布于前、后两层,每层各 5 个子弹药载体,每个 BLU-108/B 的质量为 29.5 kg,长度为 788 mm,直径为 133 mm,每个 BLU-108/B 带有降落伞和微型固体火箭发动机,其中降落伞可以使其稳定下降,微型固体火箭发动机使载体稳定旋转。每个 BLU-108/B 子弹药载体可装填 4 颗"斯基特"末敏子弹药,子弹药质量为 3.4 kg,直径为 127 mm,高度为 95 mm,因此整个 CBU-97/B 子母弹共可装填 40 颗"斯基特"末敏子弹药。"斯基特"末敏子弹药搭载有双色红外探测器、微电子处理器和自锻破片战斗部,攻击目标主要为坦克装甲车辆等,该末敏子弹药可以自主探测其探测器扫描范围内的坦克装甲车辆,并发射自锻破片攻击目标。因此,CBU-97/B 具有发射后不管和对地多目标攻击能力,而且对装甲目标的命中和毁伤概率比普通子母炸弹高得多。其性能参数见表 5-2。

表 5-2　CBU-97/B 子母炸弹性能参数

代　号	CBU-97/B	子弹药类型	"斯基特"末敏弹
全弹质量/kg	450	子弹药数量/颗	40
全弹长/mm	2 340	子弹药质量/kg	3.4
弹体直径/mm	406	母弹平台	SUU-66/B
子弹药载体	BLU-108/B	引信装置	头部定时/近炸引信

(4)CBU-105 子母炸弹(见图 5-4)。CBU-105 子母炸弹也是一种反坦克装甲车辆的子母炸弹,是由装有 WCMD(风偏修正弹药)的 CBU-97/B 子母炸弹改进而成,具有近精确打击能力。

图 5-4　CBU-105 子母炸弹

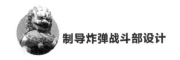
CBU-105子母炸弹由SUU-66/B战术母弹平台和FZU-39引信组成。其内部搭载的子弹药载体和子弹药与CBU-97/B完全一致,都是由10个BLU-108/B子弹药载体各搭载4颗"斯基特"末敏子弹药,共40颗"斯基特"末敏子弹药。其性能参数见表5-3。

表5-3 CBU-105子母炸弹性能参数

代 号	CBU-105	子弹药类型	"斯基特"末敏弹
全弹质量/kg	420	子弹药数量/颗	40
全弹长/mm	2 340	子弹药质量/kg	3.4
弹体直径/mm	400	母弹平台	SUU-66/B
子弹药载体	BLU-108/B	引信装置	FZU-39

(5)AGM-109"姆拉斯姆"导弹子母战斗部(见图5-5)。AGM-109导弹是一种子母式导弹,该弹是美国于20世纪80年代由通用动力公司研制的,是一种中距离空地导弹(Mwdim-Range Air-to-Surface Missile),简称为"姆拉斯姆",该导弹主要是为美国海军和空军研制的。该弹是在"战斧"巡航导弹BGM-109的基础上改进的空射型导弹,美国海军、空军分型研制。空基型导弹主要用来攻击地面机场和海上舰艇目标,型号为AGM-109H/K;海基型导弹主要用来攻击海面舰艇、海上/地面坚固点目标,型号为AGM-109I/J/L。

图5-5 AGM-109"姆拉斯姆"导弹子母战斗部

AGM-109导弹的气动外形布局与"战斧"陆基、舰载型导弹一致,整个弹体呈圆柱形,尾部收敛,弹体中部有两片短而窄的前翼,弹体尾部有四片折叠式的尾翼,在前翼和尾翼之间的弹体下部有伸缩式进气口。该导弹有多种战斗部型号,其中子母式战斗部的型号为AGM-109H。该子母式战斗部使用的是两种子弹药。一种子弹药是装有助推火箭式的BKEP反跑道子弹药,子弹药长

380 mm，直径为 100 mm，质量为 8 kg。战斗部内可装 28～70 个 BKEP 子弹药，在子弹药从母弹平台中弹射出去后，靠自身的减速伞下降到一定的高度，然后助推火箭点火，子弹药在火箭助推下加速下落穿进跑道下层后引爆。另一种子弹药是 STABO 反跑道子弹药，该子弹药长 580 mm，直径为 132 mm，子弹药内有两段串列装药，在子弹药从母弹平台中弹射出去后，在减速伞的作用下，其头部向下掉落，当碰到地面时，第一段装药爆炸，将跑道炸开一个小洞，第二段装药通过洞口进入跑道下层引爆。该弹的性能参数见表 5－4。

表 5－4　AGM－109"姆拉斯姆"导弹性能参数

代　号	AGM－109H	子弹药质量/kg	8
全弹质量/kg	1 400	引信装置	触发引信
全弹长/mm	5 900	最大射程/km	500
弹体直径/mm	540	最大速度/Ma	0.65
子弹药类型	BKEP/STABO	飞行高度/m	10～250
子弹药数量/颗	28～70	动力装置	涡喷发动机

（6）AGM－154"杰索伍"导弹子母战斗部（见图 5－6）。AGM－154 导弹是美国发展的新一代通用防区外导弹，该弹于 20 世纪 80 年代末期开始研制，由德州仪器公司承包研制，并于 1998 年服役。该导弹是低成本滑翔武器，一个母弹平台装三种不同的战斗部构成三种不同型号，分别为 JSOW－A、JSOW－B、JSOW－C。其中 JSOW－A 内部装填 BLU－97 综合效应子母战斗部，美国在伊拉克战争和科索沃战争中曾使用过该型导弹；JSOW－B 内部装填 BLU－108 传感器引爆式子弹药，可用于攻击地面坦克装甲目标；JSOW－C 内部装填的是单一式战斗部，具有防区外发射和发射后不管的精确打击能力。

图 5－6　AGM－154"杰索伍"导弹子母战斗部

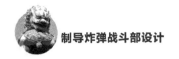

5.1.2　俄罗斯主要子母战斗部型号

（1）PBK-500系列集束炸弹（见图5-7）。苏联/俄罗斯研制的PBK-500系列包括多种型号和用途的集束炸弹。PBK-500/AO-2.5RTM为杀伤集束炸弹，用于杀伤有生力量和轻型武器装备等，其集束弹箱内装100颗扁球状杀伤子弹药，子弹药重2.5 kg。PBK-500/PTAB-1M是反坦克集束炸弹，内装268颗PTAB-1M反坦克子弹药，子弹药呈圆柱形，重0.994 kg，由压电引信起爆，穿甲能力超过200 mm。PBK-500/SPBE反坦克集束炸弹类似于美国的"传感器引爆武器"，炸弹内装SPBE（重15.6 kg）或SPBE-D（重14.9 kg）红外传感器引爆子弹药，两种子弹药的结构和弹径相同，只是质量和长度不同，可分别装14颗和15颗。

图5-7　PBK-500U集束炸弹

（2）9M55K系列火箭弹（见图5-8）。9M55K是俄罗斯300 mm"旋风"火箭炮配备的弹药，配有两种集束战斗部。9M55K子母弹用于打击人员和轻型装甲车辆等软目标，战斗部内装有72颗重1.8 kg的子弹药，子弹药配用触发引信，并有自毁装置。1门火箭炮1次齐射可抛出864枚子弹药。9M55KI采用攻顶反坦克子弹药，一枚火箭弹内装有5颗采用双通道红外导引头的MOTIV-3M子弹药。子弹药重15 kg，被抛射后首先打开降落伞以延迟下降速度，然后通过传感器搜索视场内的装甲目标。在确认目标后，子弹药通过自锻成型战斗部攻击目标最薄弱的部位。子弹药在150 m处对均质装甲（30°）的穿甲能力为70 mm。

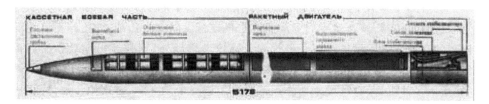

图 5 - 8　9M55K 系列火箭弹

5.1.3　英国主要子母战斗部型号

（1）BL - 755 集束炸弹（见图 5 - 9）。BL - 755 是英国研制的一种攻击坦克装甲车辆和杀伤有生力量的集束炸弹，可低空投放，该弹于 1964 年开始研制，基本型于 1972 年服役，其后又有多种改进型。该弹杀伤面积大、用途广、破甲效果好。

图 5 - 9　BL - 755 集束炸弹

BL - 755 子母弹箱的 7 个舱段内共可装 147 颗子弹药。子弹药重 1.13 kg，通过尾部弹出的稳定尾翼减速，其空心装药用于破甲，同时还能产生 2 000 多块破片用于杀伤目标。该弹有 4 种型号，除基本型 MK1 外，还有 MK2（装短延时引信）、MK3（采用间距为 250 mm 的双弹耳）、MK4（采用间距为 250 mm 的双弹耳和短延时引信）。子弹药也有所改进，早期的子弹药采用不锈钢叉尾翼，后期改为降落伞，空心装药改为先进的锥孔装药，提高了子弹药的威力。

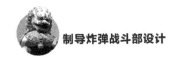

（2）JP-233 反跑道集束炸弹。JP-233 是英国研制的一种主要用于攻击跑道的机载布撒器,该弹是专门为战术攻击机遂行反航空兵作战、攻击空军基地而研制的高速低空反机场跑道子母炸弹。除攻击机场外,该弹还可以攻击交通枢纽、破坏工事和杀伤有生力量等。该弹具有可超低空投放、破坏范围大、使用简单、适用多种机型、有持续杀伤作用等特点。该弹于 1991 年首次用于海湾战争,不仅炸毁跑道,而且投布延期时间不等的地雷,阻止修复跑道,在反跑道作战中发挥了重要作用。但由于飞机必须飞越目标区实施投弹,所以易受伊拉克防空火力杀伤,英国空军为此付出了巨大代价,开战 6 天就损失了 6 架"狂风"GR1 战斗机。该弹主要装备英国"狂风"GR1 战斗机,也可装备北约各国其他战斗机。

该子母弹的母弹弹体具有气动流线型外形,采用模块化舱段结构,每个舱段均为矩形截面结构,组合成为 1 个矩形弹体,加上头锥和尾翼,即构成 1 枚完整的子母弹。3 种机载悬挂方案如下：

1）内装 215 枚 hb876 区域压制小地雷的子母炸弹,采用 762 mm 标准间距的双吊耳,悬挂于机翼下方；

2）内装 30 枚 sg357 反跑道子弹药的子母炸弹,亦采用 762 mm 标准间距的双吊耳,悬挂于机翼下方；

3）内装 215 枚 hb876 区域压制小地雷的子母炸弹和 30 枚 sg357 反跑道子弹药子母炸弹,悬挂于机身下方。将两种母弹前后串式悬挂,通过专门转接器将两者连在一起,hb876 区域压制小地雷在前,采用 356 mm 标准间距的双弹耳,挂到机身下方的前发射架上,sg357 反跑道子弹药在后,采用 762 mm 标准间距的双弹耳,弹无尾翼装置,挂到机身下方的后发射架上。

sg357 反跑道子弹药的长度为 890 mm,直径为 106 mm,翼展为 250 mm,质量为 24 kg,采用降落伞减速,钢制壳体战斗部分为主/副战斗部,串式配置,主战斗部由空心装药和预制破片组成,副战斗部由高爆炸药组成,除弹头装有触发引信外,主/副战斗部还各有引爆装置。

5.1.4　其他主要子母战斗部型号

除以上国家以外,法国、德国等国也拥有多个子母炸弹型号。20 世纪 70 年代中期,法国开始研制"贝卢加"BLG66 通用集束炸弹(见图 5-10),该弹为法国空军实施低空、高速、快速瞄准、大面积轰炸而发展的一种子母炸弹,70 年代末投入批量生产,80 年代初进入法国空军服役。

图 5-10　"贝卢加"BLG66 通用集束炸弹

攻击机使用该弹实施对地攻击时,飞行最大马赫数为 0.95,投弹时速度为 630~1 000 km/h,最低投弹高度为 60 m。该弹具有两种攻击方式:①长地毯式轰炸,攻击覆盖区域长 240 m,宽 40 m;②短地毯式轰炸,攻击覆盖区域长 120 m,宽 40 m。由于母弹及子弹药各自带有减速降落伞,所以投弹高度对子弹药的射程或覆盖区域影响不大。无论投弹高度如何,子弹药均能以 90°的落角命中目标。为控制散布区域以及防止投弹后各子弹药在空中彼此相撞,其采用逐次弹射法将子弹药从母弹平台中弹射出去。在应急情况下可将母弹平台抛弃,此时保险装置切断电源,使火药不作用,子弹药不弹射。该弹由头部、弹体、尾部 3 部分组成。头部呈锥形,内装发电机(由风轮驱动)、程序控制机构、气体分配器和燃气筒。弹体呈圆柱形,内装 1 根中央支管,沿其径向每排配置 8 枚小弹发射腔,沿其纵向配置 19 排子弹药发射腔。该弹重 305 kg,可装 152 颗 3 种不同类型的子弹药,子弹药重 1.3 kg,外形尺寸和质量都相同,子弹药和弹箱都带有减速伞。配用的子弹药分别有以下几种:①通用杀爆子弹药,内装高爆炸药和触发引信;②阻击杀爆子弹药,内装高爆炸药和长延时定时引信;③反装甲子弹药,内装空心装药和触发引信。

德国戴勒姆-奔驰公司(DASA)的 LFK 分部于 20 世纪 80 年代研制了一系列的飞机子母弹弹箱,称为子母弹箱武器系统(Dispenser Weapon System),简称为 DWS24。

"Before Missile"公司(现在的 Saab Dynamics 公司)于 1985 年将其改造成 DWS39,用于瑞典空军 JAS39"鹰狮"飞机上。子母弹箱外挂在飞机上,当飞机飞临目标时,子弹药从弹箱中抛撒出去。DASA 的子公司 CMS 公司在美国研

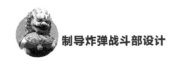

制并试验了一个类似的系统,称为"自主式飞行子母炸弹系统"(AFDS)。在德国 LFK 分部也研制了这样一个系统,称作 MW2。LFK 和"Before Missile"公司于 1995 年提出了一种有源型的 DWS39,这种"动能穿甲破坏者"(KEPD350)导弹(见图 5 - 11)装有由 TDA 研制的 Mephhto 450 kg 双装药动能穿甲弹头,其射程为 350 km。1996 年又研制出两种有动力的改进型,一种是较轻的 KEPD150 导弹,其射程为 150 km,另一种是 MAW/PDWS2000 导弹,其射程为 250 km。

图 5 - 11　KEPD150/350 导弹子母战斗部

KEPD 导弹弹体截面呈矩形,上表面装有可折叠机翼,4 个尾翼呈 45°倾斜。导弹带有 2 个装在侧面的发动机进气口,涡轮式喷气发动机的排气口位于锥形弹尾部分。

|5.2　子母战斗部结构设计|

5.2.1　总体设计要求

子母战斗部的总体设计须根据战技术指标要求来开展,一般应考虑以下要求:①子弹药选型;②开舱与抛撒;③质量、质心、转动惯量;④强度、刚度;⑤引信与引战匹配;⑥威力。

(1)子母战斗部选装的子弹药类型因作战目标而异,不同类型子弹药的质量、尺寸等参数不尽相同,对应的排布方式和抛撒方式也存在差异,从而决定了整个子母战斗部的结构和功能设计。

(2)子母战斗部装填大量、多种类的子弹药,要使众多子弹药产生良好的作用效果,不仅要产生足够的覆盖面积,还要达到毁伤目标所需要的合理密度,关键在于子母战斗部的开舱与子弹药抛撒的设计,子母战斗部的开舱与抛撒有多种方式,可在工程设计中选用。

(3)子母战斗部的质量、质心、转动惯量通常会受母弹或飞机平台限制,对全弹的弹道特性有很大的影响。质量应根据给定的子母战斗部圆径进行设计,为了不超出飞机的承载能力,设计质量一般不大于给定的圆径。质心位置影响总体结构设计和质量分布,由总体要求和具体设计确定。在质心位置确定后,应分别计算出极转动惯量和赤道转动惯量。

(4)子母战斗部根据前述设计确定总体结构和外形参数后,须进行强度和刚度校核,以完善总体结构和外形参数。进行强度和刚度校核时,应考虑飞机、母弹在运载期间所加载于子母战斗部上的载荷,主要包括气动载荷、惯性载荷、接口部位受力载荷等。

(5)子母战斗部配用引信应优先选择制式产品,并且要做适应性试验,如为新设计引信,则应满足战技术指标要求。当母弹到达目标上空合适的位置时,引信发出起爆指令,开舱装置作用清除子弹药出舱障碍物,然后抛撒装置作用给予子弹药初始速度,子弹药以一定的速度和方向飞出形成较大的散布面积,在子弹药引信的作用下,子弹药爆炸,以冲击波或破片等击毁目标。

(6)子母战斗部的威力与子弹药威力、数量及散布面积有关,子弹药的杀伤、爆破、穿甲、燃烧和摧毁作用应符合详细规范的规定;数量及散布面积应通过目标毁伤效能分析来确定。

5.2.2　开舱设计

子母战斗部的开舱方式有多种,不同种类的子母战斗部可以选择不同的开舱方式,在多种开舱方式均适用时,需要从子母战斗部的功能和结构、开舱便捷性以及开舱装置成本等角度进行分析与论证。

1.设计要求

(1)具有高可靠度。正常开舱是子母战斗部实现作战功能的前提,后面所有的工作时序的实现都是建立在正常开舱的基础之上的,因此,开舱装置必须具有高可靠度,保证开舱,否则就可能导致战斗部完全失效。要提高开舱的可靠度,可选择配用工作性能可靠度高的引信、传火序列以及开舱机构。在结构设计及材料选择上,尽量沿用、改进和参考技术成熟、性能稳定,并通过长期、多次实践验证的方案。

(2)控制合理的开舱与抛撒时序。通常开舱与抛撒之间的时间间隔为毫秒级,开舱装置必须在极短的时间内将子弹药出舱通道的障碍物清除,因此,开舱部位的设置需合理,开舱动作与抛撒动作的时序设计要充分考虑开舱所需时间,母弹的开舱动作不得阻碍子弹药的正常抛撒。

(3)减少附带损伤。整个开舱过程要避免冲击波或碎片等损坏子弹药和其他剩余组件,保证子弹药结构完整无损,能够正常出舱和开伞,引信可安全解保并满足预期的发火率。因此,开舱装置的威力需设计合理,既不能过大造成对其他部件的损伤,也不能过小导致开舱不完全,此外,还可以采取一定的防护措施来保护其他部件。

(4)有效稳定储存。具有较高的安全性以及良好的高、低温工作性能,并能被长期有效稳定储存。

2.常用的开舱方式

(1)剪切螺纹或连接销开舱。剪切螺纹或连接销开舱方式是指利用时间引信点燃抛撒火药,进而通过火药燃烧产生的大量气体引起压强变大,以使头部或者底部的螺纹(连接销)断开的方式完成开舱。这种方式的局限性十分明显,只能实现单一方向的抛撒,且不利于实现大量子弹药的抛撒,一般只用于宣传、照明、燃烧等种类的特殊子母炸弹上。

(2)雷管起爆,壳体穿晶断裂开舱。该开舱方式的作用原理是通过时间引信点燃若干个径向布置的雷管,雷管起爆后产生的冲击波作用于脆性金属材料制成的头螺壳体,使其产生穿晶断裂,进而导致战斗部头弧全部裂开。

(3)爆炸螺栓起爆开舱。爆炸螺栓多安装在多点连接的分离面。爆炸螺栓作用时,内置的火工品被引燃,剪切锁断开,实现两个物体的解锁,再依靠空气动力达到分离的结果。这种分离方式起初用于大型航空子母炸弹各舱段之间的分离,后来常被用于大型导弹的开舱上。

(4)切割索开舱。这种开舱方式一般是将采用聚能效应的切割索,根据结构方案固定在战斗部壳体需要分离处的内壁上。导爆索的周围应装有隔爆的衬板,防止战斗部内的其他零部件被爆破损坏。切割索一经起爆,即可按照原本的布线方式将战斗部壳体从内部切开。这种方式适用于大型子母炸弹的开舱。

（5）径向应力波开舱。径向应力波开舱的方式比较直接,中心爆燃产生的冲击波会将预设的带有破裂槽的弹体冲破,在完成开舱的同时,冲击波还会推动子弹药向四周散开,这种方式实现了开舱与抛撒在同一个过程中完成。该方式一般只用在金属箔条干扰弹这种对于弹道和抛撒规律没有太多要求的子母炸弹及一些火箭子母弹上。

（6）减速伞开舱。减速伞开舱方式是利用开伞瞬间巨大的开伞力使弹尾与弹体分离,该开舱方式要求弹体与弹尾的连接方式为非固定连接,战斗部随弹尾减速出舱,或自带减速伞出舱。

下面以切割索开舱方式为例进行详细说明。切割索是一种线性聚能装药结构,利用聚能效应产生的高温高压高速气流切割金属蒙皮,实现开舱。切割索是实现蒙皮切割最有效的方法,它把炸药装在聚乙烯塑料或其他材料制成的管子内,并使装药截面具有 V 形或半圆形聚能槽,如图 5 - 12 所示。

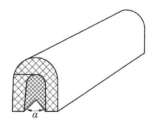

图 5 - 12　切割索开舱方式示意图

通常子母战斗部的隔框、支梁上设计有切割索安装槽,用于敷设切割索。将切割索安装在黄铜槽内并用胶水固定在其中,雷管和传爆药布置在铜槽各端的结合处,可在周向上和纵向上切割蒙皮。需要注意的是,切割索虽然能够可靠地将蒙皮等障碍物从子弹药出舱通道上清除,但它在爆炸时存在反向作用和侧向飞溅,可能使子弹药等部件受到损伤,因此药量设计需合理。同时可采用特殊的防护技术措施,如在切割索的外面包覆泡沫塑料、泡沫橡胶或实心橡胶等。

图 5 - 13 所示为子母弹母弹舱段蒙皮被切开,子弹药顺利抛撒出舱的过程示意图。当子母战斗部接近目标时,通过引信的作用使安装在支撑梁与蒙皮之间的切割装药点燃,依靠聚能效应将母弹蒙皮切割成大小相等的 4 块,并在爆炸力的作用下抛离母弹,完成切割开舱。同时,燃气发生器中的产气药剂被点燃,燃气从排气孔逸出,使套在整个中心管上的橡皮管膨胀,从而给子弹药一个径向作用力,使之沿径向抛撒出舱,形成一个较大的散布场。

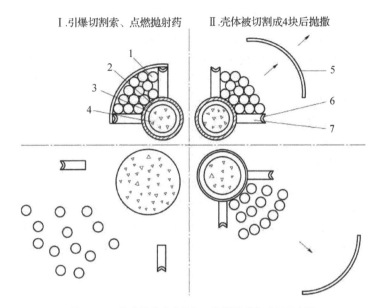

Ⅰ.引爆切割索、点燃抛射药　　Ⅱ.壳体被切割成4块后抛撒

图 5 - 13　母弹舱段蒙皮被切开抛撒子弹药过程示意图

1—子弹药；2—橡胶管；3—燃气发生器；4—抛撒药；5—蒙皮；6—切割装药；7—支撑架

5.2.3　抛撒设计

子母战斗部开舱后，依靠抛撒系统的作用将子弹药抛撒出舱，使子弹药落至既定的散布范围内作用，达到毁伤效果。子弹药的散布面积和散布密度是重要的毁伤效能指标，取决于诸多参数，包括母弹抛撒时的飞行速度、高度，子弹药的弹道特性等，而抛撒系统赋予了子弹药初始出舱速度，对子弹药的散布面积和散布密度起着至关重要的作用。因此，子母炸弹的抛撒系统对子母式弹药的整体毁伤效果起着最重要、最关键的影响。

1.设计要求

（1）满足散布范围指标。根据目标分布特性和毁伤要求，从战术使用上明确合理的子弹药散布范围。通过散布面积、子弹药数量、开舱飞行速度和高度等参数反推子弹药初始出舱速度，进而得到抛撒系统的低压室压力、装药量等一系列设计参数，从而保证子弹药抛撒后可以满足既定大小的面积。

（2）达到合理的散布密度。合理的散布密度有利于提高有效毁伤面积，以及对集群装甲目标的命中率。抛撒系统产生的推力须均匀传递给子弹药，在子弹药数量较多时可采用时序抛撒方式，尽可能地使子弹药均匀分布在既定的散布范围中,避免出现空中碰撞或明显的子弹药堆积,从而导致部分目标区域产生空洞的现象。

(3)子弹药易于相互分离。子弹药通常紧紧围绕着抛撒装置装填,因此抛撒装置的结构须保证子弹药在整个抛撒过程中能够相互顺利分开,不出现重叠现象。子弹药通常带减速伞,如果不能及时分离,就无法快速以稳定姿态进行飞行,可能在飞行的过程中失去稳定,甚至出现伞绳缠绕,导致引信不能解保,子弹药失效。

(4)抛撒过载适中。部分子弹药内部装有精密器件,对抛撒时受到的过载较敏感,因此,设计抛撒系统时须考虑作用力的加载方式,降低过载。要求子弹药在抛撒过程中零部件不得有损坏,不得发生明显变形,更不能出现空炸及殉爆现象。

2.常用的抛撒方式

抛撒方式主要可以分为以下两种:①机械力抛撒,包括机械力分离式抛撒和惯性动能抛撒;②燃气式抛撒,包括燃气侧向活塞抛撒、活塞式抛撒、中心爆管式抛撒、燃气囊式抛撒、中心燃气式抛撒等。常用的抛撒方式是燃气式抛撒,此类抛撒系统作用可靠性高,速度稳定可控,使用形式灵活。

(1)机械力分离式抛撒。机械力分离式抛撒是指依靠子弹药自身的重力、拨簧或导向杆等机构,给子弹药提供与母弹分离的动力。这种抛撒方式要注意避免子弹药与分离机构间产生刚性碰撞从而对子弹药产生损伤。导向杆抛撒机构被应用于某 122 mm 火箭子母弹上,而美国的 CBU - 24/B 则采用了重力与旋转抛撒相结合的方式。

(2)惯性动能抛撒。惯性动能抛撒是利用母弹运动所具有的惯性或旋转所具有的离心力将子弹药抛出,对一切旋转的母弹,这种抛撒方式不论转速的高低都可以使子弹药飞散抛出。特别地,对于火炮子母弹来说,当其转速到达每分钟数千转甚至上万转时,这种抛撒方式效果十分明显。由于没有附加动力源提供动力,所以子弹药不能达到较高的抛速,不易在低空或超低空抛撒时大范围散布,但其具有结构简单、造价较低的优点,早期也曾广泛应用于航空子母弹药,美制 CBU - 87 航空集束炸弹就采用了这种抛撒方式。

(3)燃气侧向活塞抛撒。这种抛撒方式主要应用在子弹药直径大且母弹中只能装填一串子弹药的情况,如美国 MLRS 火箭末敏子母战斗部就采用了这种抛撒机构。一对前后相接的末敏子弹药在侧向活塞的推动下,互成 180°沿垂直弹轴的地方抛出,并且每对子弹药的抛撒方向也有变化。对于整个战斗部而言,子弹药向四周各个方向均匀抛出。该种抛撒系统可使得子弹药落点分布均匀,且这种抛撒机构的结构简单,可选用多种类、较易获得的火药作为能源,因此其在满足性能可靠的同时所需成本也较低,适合大量应用,可作为炮兵子母弹抛撒系统的首选。目前,国外大部分的子母弹药也都采用这种抛撒方式。

(4)活塞式抛撒。活塞式抛撒是利用火药在燃烧室里燃烧产生大量气体导致压强变大从而推动活塞与子弹药运动的抛撒方式。根据燃烧室的结构可将其分为单燃烧室和双燃烧室两种。双燃烧室的抛撒系统与单燃烧室的抛撒系统相比,其对于子弹药产生的冲击过载更小,但结构要求也更为复杂,质量也更大。这种抛撒方式被应用于美制 MLRS 火箭末敏子母弹。

(5)中心爆管式抛撒。中心爆管式抛撒是利用中心爆管所装填的高密度火药来提供抛撒动能以驱动子弹药运动的抛撒方式。当子母弹准备进行抛撒的时候,战斗部的抛撒引信起爆后点燃中心管内部的火药,中心管内部的燃气压力在达到其所能承受的强度极限后爆裂,气压挤压子弹药周围的填充物,带动子弹药和外部的蒙皮向四周移动,达到将子弹药从母弹中抛撒出去的效果。这种抛撒方式被应用于某火箭杀伤爆破子母弹,应用了这种抛撒方式的子母弹的一般优点是结构较为简单,动作可靠,能在达到高抛速的同时可以使内外层子弹药间具有一定的速度梯度顺序完成抛撒,内外层的子弹药散布均匀。这种抛撒方式也多适用于多子弹药的中、大弹径的杀伤爆破子母弹,但不足之处在于在爆炸抛撒过程中,子弹药承受的冲击过载相当高,加速度能达到几万甚至十几万个重力加速度,且这种过载具有高峰值、短脉宽的特点,如果不能解决上述过载问题,那将严重影响子弹药的强度,使子弹药产生明显的变形,甚至可能引起子弹药中的火工品因冲击发生爆炸,产生殉爆现象。

(6)燃气囊式抛撒。燃气囊式抛撒是指通过使气囊充气膨胀来推动子弹药抛出的方式,它能利用气囊来延长燃气对子弹药的有效作用时间以对子弹药进行平稳加载。燃气囊式抛撒根据燃气发生室所处于气囊的内外可分为外燃式和内燃式两种形式。外燃式气囊抛撒系统的燃气发生室位于气囊的外部,通过燃气分配器将火药燃烧产生的高温高压气体导入每个气囊中。内燃式气囊抛撒系统的燃气发生室位于母弹的中心轴心线上,当火药在中心燃气发生室内燃烧时,会释放出大量高温气体使压强增大,但气体压强达到阈值后,中心燃气发生室并不炸裂,而是利用壁面上的小孔将内部这些高温高压燃气释放出来,促使外部的气囊因燃气压力的挤压发生膨胀变形,进而推动子弹药往外抛出。因密闭气囊体积限制,燃气囊式抛撒更适合用来抛撒单个体积较小但数量较多的子弹药,例如英国的 BL755 航空子母炸弹就采用了这种抛撒方式。

(7)中心燃气式抛撒。中心燃气式抛撒技术由内燃式气囊抛撒技术发展而来,其抛撒系统主要包含两个工作模块,即能量生成及释放装置和能量转换装置。能量生成及释放装置是位于系统中心轴线的燃气发生器。燃气发生器一般由点传火管和中心管组成,母弹飞近目标时接收点火信号,引燃点传火管的点火药,再利用传火孔引燃管外的抛撒药。抛撒药在中心管内燃烧,当管内的压力不足以破开小孔上的膜时,高温高压的燃气将通过中心管壁面的小孔进入能量转换室。能量转换室由系统两端的端盖和能量转换装置组成,能量转换装置被上、下两个端盖夹在中间。在初始时,外部子弹药挤压能量转换装置,具有呈波纹状的横截面,燃气进入能量转换室后,内部燃气压力促使能量转换装置膨胀,并推动外部子弹药加速运动,当能量转换装置的截面足够膨胀成为圆形后,子弹药便完全从抛撒系统分离,整个抛撒过程的内弹道阶段便结束,如图 5 - 14 所示。

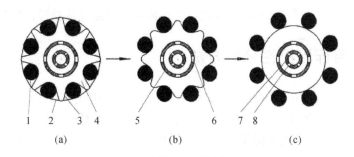

5 - 14　中心燃气式抛撒过程示意图
(a)抛撒初始状态;(b)抛撒过程中;(c)抛撒结束状态
1—子弹;2—弹箍;3—能量转换装置;4—能量转换室;5—中心管;6—小孔;7—点传火管;8—传火孔

　　能量转换室无法做到完全封闭,这是因为能量转换装置的两端与端盖之间会产生相对运动,抛撒过程中会有部分燃气通过端盖与能量转换装置的缝隙流入大气,降低火药的利用率。根据选用材料的不同,一些中心燃气式抛撒装置将金属材质(如不锈钢)等作为能量转换装置,采用这种抛撒装置的方式也被称为金属气囊、波纹管或星形钢带式抛撒。金属材料具有更好的抗弯性能与密度,对两端的漏气现象也能更好地控制,但其在膨胀过程中会导致燃气能量的额外消耗,从而降低火药的利用效率。如若能量转换装置采用橡胶等软质材料,其膨胀过程中所产生的内应力与附加质量微乎其微,基本上不会额外消耗燃气能量,但无法像金属材料一样对控制燃气泄露起到良好的效果,因此说能量转换装置选材不同,亦各有利弊。

　　中心燃气式抛撒技术具有结构简单、紧凑、质量轻、抛速高、过载低等优势,更适用于抛撒长径比较大、质量较大的子弹药,目前国内外的战术导弹也大量采用此种抛撒方式,如美国著名的空对地超声速反雷达导弹"百舌鸟"(Shrike AGM - 45A)经过多次改进后最终采用了这种抛撒方式。

|5.3 子母战斗部性能评估|

通常,子母战斗部的毁伤威力须根据目标易损性和子母战斗部自身性能两方面的情况来分析评估。首先,对典型目标进行易损性分析,通过等效替代或类比的方法简化目标模型,提出目标毁伤等级,结合子弹药破片、射流、冲击波等毁伤元信息,制定目标的毁伤准则与判据。然后,计算子弹药弹道得到散布面积、散布密度以及对目标的覆盖率,再结合前述的毁伤准则与判据来评估子母战斗部的毁伤威力。此外,子母战斗部的自身性能还需要通过试验进行校验。

5.3.1 目标易损性分析方法

子母战斗部的作战目标主要是导弹发射阵地、装甲集群、兵营集结地、机场跑道及停机坪上的飞机等,通过分析目标的功能、结构材料、易损部件、分布面积和密度等特征,建立毁伤树及目标等效模型,结合子弹药的毁伤威力,可得到目标毁伤律模型。

5.3.2 子弹药弹道计算

子弹药弹道计算是研究子弹药落点分布,进而研究子母战斗部杀伤效果的重要环节。子弹药以一定的初速从母弹内抛撒出舱,在气动力与重力的作用下,飞向目标,这一段的飞行规律便是子弹药弹道的计算任务。

这里介绍的是子弹药攻击地面固定目标的情况,一般采用方向余弦法和四元素法(或称四要素)两种方法进行外弹道计算。

方向余弦法是一种使用得比较普遍的方法,其优点在于直观、容易理解,缺点是计算较烦琐、耗时长,特别是这种方法在解子弹药垂直弹道问题时,会遇到不少麻烦,如容易引起较大的误差和所谓"框架自锁"(gimbal lock),而四元素法则刚好避免了方向余弦法的上述缺点。

四元素法是由 Euler 导出,尔后由 Hamilton 利用代数矩阵加以改进,Klein加以完善的。直观地说,四元素法的思想就是把两坐标之间的关系通过坐标系平移和两个相应轴间的 Euler 角转动来表示,仅用 4 个参数就可以把这种关系唯一地表示出来,避免了方向余弦法中大量的矩阵运算和由于病态矩阵带来的可能误差。

1.坐标系的建立

这里使用两个坐标系统——地面坐标系和弹体坐标系。

(1)地面坐标系 $OXYZ$。

1)地面坐标系又称惯性坐标系,它固连在地面上,坐标原点为母弹抛射时的地面投影点;

2)OX 轴:与地面平行,以指向母弹的射向为正;

3)OZ 轴:铅垂面内,垂直向下为正;

4)OY 轴:与 OX 轴、OZ 轴构成右手坐标系。

(2)弹体坐标系 $OX_1Y_1Z_1$。

1)弹体坐标系固定在弹体上;

2)OX_1轴与弹轴平行,其正向指向弹飞行方向;

3)OY_1轴在弹体的对称面内,与 OX_1轴垂直,向下为正;

4)OZ_1轴与 OX_1轴、OY_1轴构成右手坐标系。

两个坐标系的关系如图 5-15 所示。

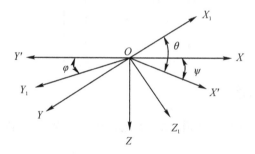

图 5-15　地面坐标系与弹体坐标系

图 5-15 中的 3 个角 θ、Ψ、φ 是按照 Euler 角来定义的,这 3 个角仅作为四元素法计算的初始条件,在整个计算中并不使用。在四元素法中所有的转动均用四元素 $e_0+ie_1+je_2+ke_3$ 来表示,且有

$$
\left.
\begin{aligned}
e_0 &= \cos\frac{\psi}{2}\cos\frac{\theta}{2}\cos\frac{\psi}{2} + \sin\frac{\psi}{2}\sin\frac{\theta}{2}\sin\frac{\psi}{2} \\[2mm]
e_1 &= \cos\frac{\psi}{2}\cos\frac{\theta}{2}\sin\frac{\psi}{2} - \sin\frac{\varphi}{2}\sin\frac{\theta}{2}\cos\frac{\psi}{2} \\[2mm]
e_2 &= \cos\frac{\psi}{2}\sin\frac{\theta}{2}\cos\frac{\psi}{2} + \sin\frac{\psi}{2}\cos\frac{\theta}{2}\sin\frac{\psi}{2} \\[2mm]
e_3 &= -\cos\frac{\psi}{2}\sin\frac{\theta}{2}\sin\frac{\psi}{2} + \sin\frac{\psi}{2}\cos\frac{\theta}{2}\cos\frac{\psi}{2}
\end{aligned}
\right\}
\qquad (5-1)
$$

地面坐标系与弹体坐标系之间的转换关系为

$$\begin{bmatrix} x \\ y \\ z \end{bmatrix} = \boldsymbol{A} \begin{bmatrix} x_1 \\ y_1 \\ z_1 \end{bmatrix} \tag{5-2}$$

式中：$\boldsymbol{A}$ 为 3×3 阶的矩阵，即

$$\boldsymbol{A} = \begin{bmatrix} a_1 & b_1 & c_1 \\ a_2 & b_2 & c_2 \\ a_3 & b_3 & c_3 \end{bmatrix} \tag{5-3}$$

$\boldsymbol{A}$ 中的各元素用四元素 e_0、e_1、e_2、e_3 表示为

$$\left. \begin{aligned} a_1 &= e_0^2 + e_1^2 - e_2^2 - e_3^2 \\ a_2 &= 2(e_1 e_2 + e_0 e_3) \\ a_3 &= 2(e_1 e_3 - e_0 e_2) \\ b_1 &= 2(e_1 e_2 - e_0 e_3) \\ b_2 &= e_0^2 + e_2^2 - e_1^2 - e_3^2 \\ b_3 &= 2(e_2 e_3 + e_0 e_1) \\ c_1 &= 2(e_1 e_3 + e_0 e_2) \\ c_2 &= 2(e_2 e_3 - e_0 e_1) \\ c_3 &= e_0^2 + e_3^2 - e_1^2 - e_2^2 \end{aligned} \right\} \tag{5-4}$$

2.基本方程的建立

运用四元素法计算外弹道，除了要进行运动方程（包括转动方程）的计算外，还要进行有关四元素的计算。

（1）四元素 e_0、e_1、e_2、e_3。

$$\left. \begin{aligned} \mathrm{d}e_0/\mathrm{d}t &= -\frac{1}{2}(e_1 p + e_2 q + e_3 \gamma) K \varepsilon e_0 \\ \mathrm{d}e_1/\mathrm{d}t &= \frac{1}{2}(e_0 p + e_2 \gamma - e_3 q) K \varepsilon e_1 \\ \mathrm{d}e_2/\mathrm{d}t &= \frac{1}{2}(e_0 q + e_3 p - e_1 \gamma) K \varepsilon e_2 \\ \mathrm{d}e_3/\mathrm{d}t &= \frac{1}{2}(e_0 \gamma + e_1 q - e_2 p) K \varepsilon e_3 \end{aligned} \right\} \tag{5-5}$$

式中：$\varepsilon = 1 - (e_0^2 + e_1^2 + e_2^2 + e_3^2)$；$K$ 为任意常数，这里取 $K = 100$；p、q、γ 分别为弹体转动速度在弹体坐标系的 3 个分量。

（2）弹体的转动方程。弹体的转动方程建立在弹体坐标系中，其表达式为

$$\left.\begin{array}{l} \mathrm{d}p/\mathrm{d}t = M_p \\ \mathrm{d}q/\mathrm{d}t = M_q \\ \mathrm{d}\gamma/\mathrm{d}t = M_\gamma \end{array}\right\} \tag{5-6}$$

式中

$$\left.\begin{array}{l} M_p = \dfrac{[M_x - q\gamma(J_z - J_y) + qpJ_{zx}]J_z + [M_z - pq(J_y - J_x) - q\gamma J_{zx}]}{J_x J_z - J_{zx}^2} \\[4mm] M_q = \dfrac{M_y - p\gamma(J_x - J_z) - (p^2 - \gamma^2)J_{zx}}{J_y} \\[4mm] M_\gamma = \dfrac{[M_y - pq(J_y - J_x) - p\gamma J_{zx}]J_x + [M_x - q\gamma(J_z - J_y) + qpJ_{zx}]J_{zx}}{J_x J_z - J_{zx}^2} \end{array}\right\} \tag{5-7}$$

J_x、J_y、J_z、J_{zx} 分别为弹在弹体坐标系下的转动惯量和惯性;

M_x、M_y、M_z 分别为气动力矩在弹体坐标下的分量。

(3)弹体运动速度方程。

$$\begin{array}{l} \mathrm{d}v_x/\mathrm{d}t = F_x \\ \mathrm{d}v_y/\mathrm{d}t = F_y/m + g \\ \mathrm{d}v_z/\mathrm{d}t = F_z/m \end{array} \tag{5-8}$$

式中:g 为重力加速度。

弹体运动速度方程建立在地面坐标系下,v_x、v_y、v_z 分别为速度在 x、y、z 方向的分量,F_x、F_y、F_z 为气动力分量。

(4)弹体在地面坐标系下的位移分量。

这一方程组可以很简单地写为

$$\left.\begin{array}{l} v_x = \mathrm{d}x/\mathrm{d}t \\ v_y = \mathrm{d}y/\mathrm{d}t \\ v_z = \mathrm{d}z/\mathrm{d}t \end{array}\right\} \tag{5-9}$$

用数值法求解上述 5 个方程组[式(5-5)~式(5-9)],最后即可求得子弹药的弹道过程。

(5)上述计算所需其他参数。

1)气动力 F_x、F_y、F_z 为

$$\left.\begin{array}{l} F_x = -\dfrac{1}{2}\rho S v_\gamma v_x C_x - \dfrac{1}{2}\rho S v_\gamma \sqrt{v_y^2 + v_z^2}C_y \\[4mm] F_y = -\dfrac{1}{2}\rho S v_\gamma \left(v_y C_x - v_x v_y C_y / \sqrt{v_y^2 + v_z^2}\right) \\[4mm] F_z = -\dfrac{1}{2}\rho S v_\gamma \left(v_z C_x - v_x v_z C_y / \sqrt{v_y^2 + v_z^2}\right) \end{array}\right\} \tag{5-10}$$

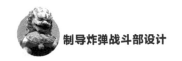
式中：$v_\gamma = \sqrt{v_{xl}^2 + v_{yl}^2 + v_{zl}^2}$；$\rho$ 为空气密度；S 为弹体横截面积；C_x 为阻力系数；C_y 为升力系数。

2）气动力矩 M_x、M_y、M_z。当略去弹体极滚动时，也就是不考虑弹的极滚动力矩，则有

$$\left.\begin{aligned} M_x &= 0 \\ M_y &= -\frac{1}{2}\rho W l v_y (m_z^\alpha \alpha v_{zl} + bm_z^\infty q) \\ M_z &= \frac{1}{2}\rho S l v_\gamma (-m_z^\alpha \alpha v_{yl} + lm_z^\infty \gamma) \end{aligned}\right\} \qquad (5-11)$$

式中：l 为弹长；$v_y = \sqrt{v_{xl}^2 + v_{yl}^2 + v_{zl}^2}$；$v_x$、$v_y$、$v_z$ 为子弹药在大气中飞行时速度在弹体坐标系的分量；q、γ 为弹体绕 y、z 轴的转速；m_z^α 为稳定力矩系数；m_z^∞ 为俯仰力矩系数。

5.4 试 验 验 证

子母战斗部性能试验主要包括静态抛撒试验与动态抛撒试验。其中静态抛撒为地面抛撒试验，试验的目的是考核子母战斗部的抛撒功能、开舱抛撒作用时间和子弹药抛撒速度是否满足产品技术要求的规定，为产品的设计提供依据。动态抛撒试验为机载挂飞投放抛撒试验，试验的目的是考核动态条件下子母战斗部开舱、抛撒作用性能、作用时序以及子弹药散布特性是否满足设计要求；验证子弹药综合作用性能；根据动态抛撒试验结果，校验和完善建立子母战斗部的弹道数学模型。

5.4.1 静态抛撒试验

静态抛撒试验所需的试验设备有静态抛撒试验台架、高速摄影设备、起爆设备等。该试验可记录试验前、后各系统的作用情况及产品状态，并用高速运动分析系统测定子母战斗部的开舱抛撒作用时间和子弹药抛撒速度。试验前，应对子母战斗部的技术状态和质量情况进行检查、确认，之后在抛撒试验场布置测试系统。在圆形砂池内，沿子弹药飞行的射线方向布置 3 根测速标志杆，标志杆大小一致，与抛撒中心的距离分别为 2 m、3 m、4 m，采用高速摄像机拍摄子母战斗部的抛撒作用过程，高速摄像机测量光路与标志杆沿线方向垂直，摄像机视场

区域大于所有标志杆的范围,布置示意图如图 5－16 所示。

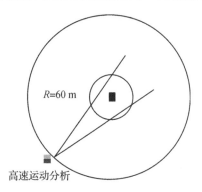

图 5－16　静态抛撒试验高速运动分析系统布置示意图

　　将子母战斗部固定在立式抛撒试验架上,将起爆装置与子母战斗部的传爆装置连接后,用直流稳压电源起爆,完成子母战斗部抛撒;试验结束后,通过高速运动分析系统回放母战斗部抛撒过程录像,以起爆装置产生火光为计时起点,各舱子弹药开始出舱为计时终点,判读计算后、前、中舱抛撒动作时序;每舱选取最先到达标志杆的 3 个子弹药目标,共选取 9 个子弹药目标进行判读,确定子弹药经过 3 个标志杆之间的间隔帧数,根据拍摄频率计算出间隔时间,计算子弹药的抛撒速度;分析子母战斗部的抛撒功能。

5.4.2　动态抛撒试验

　　常见的动态抛撒试验有飞行试验和地面发射试验。飞行试验是指飞机挂载试验弹,从空中将试验弹抛下,验证母弹抛撒系统能否正常工作及子弹药的散布面积是否符合设计要求。试验所需设备主要有试验载机、光测设备、坐标记录设备等。试验前,在地面装定被试弹引信延期时间,载机投放被试弹后用光测设备记录子弹药开舱时间,验证子母战斗部是否按预定时序依次抛撒子弹药,开舱抛撒系统作用是否正常,作用时序是否满足设计要求。当子弹药全部落地后,用坐标记录设备记录每颗子弹药的落点坐标,再根据坐标计算子弹药的散布面积是否满足设计要求。地面发射试验是利用火箭助推器,推动子母战斗部从专用发射架上高速射出,模拟空中飞行条件来验证子母战斗部的性能。

第 6 章

航空子弹药简介

|6.1 概　　述|

　　航空子弹药作为子母型航空弹药对面目标实施打击的主要武器,可由子母炸弹、机载布撒器和导弹子母战斗部等运载平台搭载至预定空域进行抛撒,是航空子炸弹和航空子地雷的总称,在运载平台内可装填几颗到几百颗不等,主要用于打击和封锁敌方机场跑道、集群装甲目标、交通枢纽、兵营集结地、通信指挥中心等具有重要军事价值的面目标。作为相对独立的作战单元,航空子弹药自身具备较完整的功能系统,在它被运载平台抛撒后,能够按照预先设计程序动作并独立完成作战功能,可在大面积范围内搜寻、攻击目标,提高武器系统的毁伤效能,同时由于子弹药结构尺寸与质量相对较小,所以毁伤威力有限,适合攻击或封锁暴露的武器装备、后勤保障设施及敌方有生力量等。

　　航空子弹药目前可主要分为常规子弹药与灵巧子弹药两大类,按作战用途可分为反人员、反器材、反装甲、反机场跑道和特种用途五类,其中一些子弹药融合了多种功能,如反人员/反装甲双用途子弹药、综合效应子弹药等。

　　常规子弹药研究时间较早,技术成熟,目前国内外已形成多个型号装备部队。常规子弹药即指采用传统机械、机电结构,毁伤精度依赖于运载平台的投放条件及自身弹道性能,子弹药抛撒后即无法控制,有的具备简单的目标识别能力。20世纪80年代后随着毫米波、红外成像、激光雷达导引头等探测与制导技术的迅速发展,国外在常规子弹药的基础之上开始了灵巧子弹药的研究。

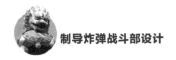

|6.2 各类航空子弹药简介|

6.2.1 常规子弹药

1.反人员/反器材子弹药

反人员/反器材子弹药主要分为撞击目标后瞬发或短延期起爆的子弹药,以及具有简单环境感知能力的、用于封锁指定区域的子弹药/子地雷两类,主要用于杀伤有生力量,破坏军用器材(包括飞机、轻型装甲车辆)等。

(1)瞬发/短延期起爆子弹药。瞬发/短延期起爆子弹药的质量普遍较轻,通常仅为几千克,甚至不超过 1 kg,母弹可携载数百颗该子弹药,可在较大的范围内杀伤目标。为提高对攻击目标(人员及器材)的杀伤效能,这类子弹药通常内部装填预制破片或将弹体进行预制破片处理,而且部分子弹药还具有纵火功能。

美国 BLU-77/B 子弹药质量为 460 g,配用 FMU-88 引信,从母弹中抛撒出后,空气随之从子弹药头部保险机构入口进入,开始解除保险,其在母弹中的装填状态如图 6-1 所示。当下落速度到达 84.7~115.8 m/s 时,BLU-77/B 子弹药引信解除保险,引信内触发击针对准雷管,惯性击针对准火帽。当子弹药碰撞到硬目标时,触发击针激发雷管,引爆传爆序列,起爆子弹药。当子弹药碰撞到软目标时,惯性击针激发火帽,引燃延期组件和抛射药,抛射药产生的火药气体将子弹药抛向空中,同时延期组件经预定延期引爆雷管和传爆序列,使子弹药在空中爆炸,产生破片,杀伤有生力量等软目标。

图 6-1　美国 CBU-59/B 子母弹中的 BLU-77/B 反人员/反器材子弹药

俄罗斯 AO-2.5 RTM 破片杀伤子弹药（见图 6-2）的质量为 2.5 kg，弹体呈扁球形，长 150 mm，弹径为 90 mm，装有 4 片尾翼装置和头部引信，壳体由金属预制破片制成，内部装填 0.55 kg TNT/RDX 40/60 高能炸药，在子弹药撞击地面后，由机械触发引信起爆，杀伤面积为 210 m²。子弹药形成的破片对轻型器材的杀伤半径为 30 m，对无掩体防护人员的杀伤半径为 20 m，对战壕内人员的杀伤半径为 10 m。

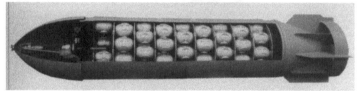

图 6-2　俄罗斯 AO-2.5 RTM 破片杀伤子弹药

德国 MUSA 杀伤子弹药主要用于对付有生力量、软篷车辆和其他相当于 2～30 mm 厚的钢质装甲目标。该子弹药外形呈圆柱形，战斗部内装有高能炸药和大量预制钢珠，尾部加装有降落伞减速装置，在从母弹中抛撒后，降落伞展开减速下降。MUSA 子弹药配用机械时间引信，在落地后，经预定延期时间起爆，其杀伤半径达 100 m，其作用过程如图 6-3 所示。

图 6-3　德国 MUSA 杀伤子弹药作战过程示意图

（2）封锁子弹药/子地雷。封锁子弹药/子地雷具有对简单环境的感知能力，通常为声感知、触碰感知等，可布撒在战场特定区域，在一定时间对作用范围内的目标进行封锁，以阻滞敌方兵力推进，或在敌方不知情闯入时杀伤目标人员及器材。

德国 MUSPA 是 MW-1 多用途布撒器携载的另一种子弹药，装有可敏感起飞、滑翔的飞机和跑道维修机械的被动式声传感器引爆装置，并具有随机起爆功能，其作用过程如图 6-4 所示。当 MUSPA 子弹药散落到机场跑道之后，稳定面朝上，传感器可探测飞机起降或在跑道滑行的声音，一旦目标进入子弹药的有效攻击区域，子弹药就会起爆对目标实施毁伤。为了阻止敌方扫雷，MUSPA 子弹药配有随机作用装置，作用时间可在最大设计封锁时间范围内任意装定。MUSPA 子弹药的杀伤半径达 100 m。

图 6-4　德国 MUSPA 子弹药作战过程示意图

德国 ADM 区域封锁子弹药外形为圆柱形，是在 MUSPA 子弹药的基础上改进而来的。该子弹药质量为 4.5 kg，高 126 mm，直径为 132 mm，属于破片杀伤区域封锁子弹药，尾部加装有降落伞减速装置。在散落到机场跑道之后，ADM 子弹药稳定面朝上，采用被动式声传感器起爆装置，传感器可探测飞机起降或在跑道滑行的声音，一旦目标进入子弹药的有效攻击区域，子弹药将起爆。为了阻止敌方扫雷，ADM 子弹药配有随机作用装置，作用时间可在最大设计封锁时间范围内任意装定。

美国 BLU-92/B 反人员子弹药用于空投布撒封锁区域、牵制移动的地面部队等，其外形如图 6-5 所示。BLU-92/B 子弹药由 M74 式反人员地雷改造而来,外形为扁圆形,放置在方形框架内,框架尺寸为:长 146 mm,宽 141 mm,高 66 mm。子弹药质量为 1.68 kg。投放到地面之后,三条引线自动展开,当人员触及引线时,引发子弹药起爆并产生大量飞散破片,对人员进行杀伤。BLU-92/B 子弹药采用可编程自毁装置,使战场指挥者能够控制反击和防御时间。自毁时间可在飞机起飞前通过子母弹箱上的开关选择,时间为 1～7 d。

图 6-5　美国 BLU-92/B 反人员子弹药

2.反装甲子弹药

反装甲子弹药主要包括专用反装甲子弹药、反装甲/反人员双用途子弹药、反坦克子地雷等。

(1)专用反装甲子弹药。专用反装甲子弹药破片的杀伤能力一般,依靠子弹药撞击到目标后聚能装药形成的金属射流毁伤坦克和装甲车辆。由于无制导装置,所以子弹药直接命中目标的概率较低,且其引信系统的作用可靠性较差,易在战场内遗留下大量的未爆子弹药。目前,国际上已基本停止装备使用该类集束炸弹。

美国 MK118 反装甲子弹药主要用于攻击坦克、装甲车辆,也可攻击油库、弹药库、掩体和防御工事等。该子弹药头部装有探针,可识别软目标和硬目标。MK118 子弹药分为 Mod0 和 Mod1 两种型号,战斗部采用聚能装药设计,装药为 0.2 kg 的 B 炸药,药型罩由紫铜板冷冲制成,锥度为 41.5°,起爆后形成的射流可侵彻 700～800 mm 坚硬土壤、100～150 mm 花岗岩石或 50～80 mm 钢板。MK118 子弹药头部装有压电装置,通过导线与尾部压电引信相连接,尾部装有 MK1 Mod0 压电发火和惯性机械发火复合式引信,引信解除保险时间为 0.85～1.4 s(Mod0)或 0.4 s(Mod1)。MK118 子弹药尾翼装置为一次成型整体式箭羽形尾翼,翼展为 58 mm。

俄罗斯 PTAB-1M 反坦克子弹药外形为圆柱形,质量为 0.94 kg,长 260 mm,弹径为 42 mm,采用聚能装药结构,内装 114 g 高能炸药。子弹药配用压电引

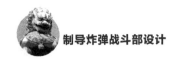

信,解除保险时间为 0.4～0.8 s,子炸弹延期时间为 20～40 s,起爆后射流可侵彻 210～250 mm 厚的均质装甲。

德国 KB44 反装甲子弹药直径为 44 mm,长 267 mm,质量为 580 g,采用聚能装药结构,能够击穿主战坦克的顶装甲和侧面防护装甲。子弹药尾部有 6 片尾翼,当从母弹中抛撒出去之后,尾翼弹出展开稳定飞行。

瑞典 MJ2 反装甲子弹药的质量为 18 kg,配用近炸引信,主要用于攻击坦克等装甲目标。

(2)反装甲/反人员双用途子弹药。反装甲/反人员双用途子弹药也不带制导装置,子弹药直接命中目标的概率较低,引信系统的作用可靠性同样较差,极易在战场内遗留下大量的未爆子弹药。与早期研制的专用反装甲子弹药相比,反装甲/反人员双用途子弹药的质量较轻,通常不超过 1 kg,但聚能装药起爆后形成的金属射流仍具有极强的破甲威力,可击穿超过 100 mm 厚的轧制均质装甲,足以击穿现代坦克装甲车辆防护薄弱的顶部装甲。此外,反装甲/反人员双用途子弹药还具有优异的破片杀伤性能,是早期专用反装甲子弹药所不具备的。目前,装备此类子弹药的集束弹药仍在装备使用。

以色列"班塔姆"子弹药兼具有反装甲和反人员功能,长 55 mm,直径为 42 mm,质量为 296 g,战斗部内装填 44 g RDX 炸药,配用触发引信。子弹药弹体外部有 13 个预制破片环,战斗部采用聚能装药结构,形成的射流可侵彻 105 mm 厚的装甲钢板。起爆后,子弹药壳体还可产生 1 200 枚预制破片。此外,"班塔姆"子弹药尾部有尾翼装置,下降过程中利用尾翼减速,并利用稳定带确保飞行稳定。

西班牙 SAC-1 AP 反装甲子弹药长 103 mm,弹径为 44 mm,质量为200 g,采用了独特的两级串联设计,前级战斗部为聚能破甲设计,主战斗部为延期起爆的破片杀伤战斗部。在子弹药撞击到目标后,前级战斗部起爆形成射流在目标上穿孔,据称对装甲钢板的破甲深度超过 100 mm,随后主战斗部沿射流开孔进入目标内起爆,产生高速破片,杀伤车内人员。

德国 SB 44 反装甲子弹药长 270 mm,直径为 44 mm,质量为 600 g,配用聚能装药战斗部,可击穿坦克顶甲和侧面防护装甲。此外,该子弹药还具有良好的破片杀伤效应,可对目标进行二次毁伤。SB 44 子弹药尾部有 6 片 90°折叠式尾翼,用于子弹药在下降过程中保持稳定。子弹药侧面装有微型风力发电机,可为引信和安全与解除保险装置充电,随后解除雷管保险。SB 44 子弹药前端装有弹簧,在触发传感器与目标碰撞后,子弹药将起爆,产生破片,杀伤有生力量等软目标。

(3)反坦克子地雷。与反装甲及反装甲/反人员子弹药相比,反坦克子地雷通常是预先布设到目标区域,用于封锁战场、技术兵器阵地和交通枢纽等重要目标,延缓或阻拦敌方坦克装甲部队向前推进。当探测到目标进入指定攻击区域后再攻击目标,而不是撞击到目标或地面后随即起爆。另外,反坦克子地雷通常不单独使用,而是与反人员地雷混装布撒投放。

美国 BLU - 91/B 反坦克子地雷由 M75 式反步兵地雷演变而来,外形尺寸与 BLU - 92/B 子地雷相同,呈扁圆形,放置在方形框架内,框架尺寸长 146 mm,宽 141 mm,高 66 mm。该子地雷质量为 1.95 kg,配用磁感应引信和可编程自毁装置,工作原理与 BLU - 92/B 子地雷相同,自毁时间为 1~7 d。当坦克从子地雷上方经过时,磁感应引信作用起爆地雷,其药型罩高速爆炸形成侵彻弹丸,击穿坦克底甲板,杀伤车内乘员,或引爆车内弹药、引燃车内油料等。

英国 HB 876 区域封锁子地雷(见图 6 - 6)外形呈圆柱形,由 3 个模块组成,上方模块包括杀爆战斗部,中间模块包括电池、安全解除保险机构和电子器件包,下方模块包括减速伞系统和确保子地雷落地后头部朝上的自动扶正弹簧圈。在子地雷从母弹抛撒出后,有两级减速装置减速,首先漏斗形减速伞先打开,稳定并修正子地雷的飞行姿态,然后主减速伞打开,保证其垂直落地,并利用分布在地雷外表面的弹性爪在其着地后向四周展开,自动定位,保证地雷始终处于与地面垂直状态。同时,在雷体顶部,还装有半球形药型罩,用于攻击坦克底部装甲。HB 876 子地雷可利用传感器感知接近的人员和车辆并起爆,可预先设定自毁时间,从数分钟至 24 h 以上。子地雷战斗部由聚能装药和钢预制破片组成,起爆后具有双重毁伤效果:聚能装药结构可产生高速金属射流,击穿坦克底装甲;钢预制破片壳体产生的高速破片向四周飞散,靠破片动能毁伤不同目标,可击穿 20 m 处的装甲钢板和 50 m 处的铝合金板。

图 6 - 6　英国 HB 876 子地雷和 JP 233 子母弹箱(布撒器)

德国 MIFF 反坦克子地雷外形像一只罐头盒,质量为 3.4 kg,高度为 98 mm,直径为 132 mm,采用双面聚能装药结构＋预制破片设计,装药为高能炸药,在自由降落到地面后,快速弹出的弹簧用于稳定子地雷,确保雷体平面朝上。当坦克或其他装甲车辆经过时,子地雷探测到车辆引起的地面震动而起爆,或利用磁感应传感器探测到装甲而起爆。该子地雷也具有自毁功能。

德国 ATM 子地雷是在 MIFF 子地雷的基础上改进而来的,质量为 3.4 kg,高度增加了 2 mm,达到 100 mm,直径为 132 mm,配用双平面聚能装药战斗部,可有效对付装甲目标。在子地雷从布撒器(或子母弹)中抛撒出后,自由降落到地面,快速弹出的弹簧用于稳定子地雷,确保雷体平面朝上。当坦克或其他装甲车辆经过时,子地雷探测到车辆引起的地面震动而起爆,或利用磁感应传感器探测到装甲而起爆。ATM 子地雷若在预定时间内未发现目标则将自毁,自毁时间可预先设定。该地雷装有特殊的传感器系统,当临近的地雷起爆时不会导致相临的地雷殉爆。

3.反机场跑道子弹药

反机场跑道子弹药根据作用原理的不同可分为两类:一类子弹药装有火箭助推发动机,利用火箭发动机助推加速使子弹药以较高的速度穿入机场跑道下方,而后爆破战斗部延期起爆产生较大的弹坑;另一类子弹药的战斗部采用聚能装药＋随进爆破两级串联设计,前级聚能装药战斗部先起爆产生高速侵彻体(EFP)在机场跑道上穿孔,随进爆破战斗部沿穿孔进入机场跑道下方起爆。这两类子弹药有各自的优缺点:前者的优点是可确保爆破战斗部能够顺利钻入预定的机场跑道下方,缺点是利用火箭发动机加速,战斗部与机场跑道撞击时的过载较大,因此需要子弹药战斗部壳体具有较高的强度,且炸药装药的安定性要好;后者的优点是由于无须使用火箭发动机助推加速,对战斗部壳体强度及炸药安定性要求较低,装填系数较大,缺点是系统较复杂,需要协调解决两级战斗部的匹配设计等问题。

法国"克瑞斯"反跑道子弹药(见图 6-7)弹体呈圆柱形,头尾钝平,直径为 170 mm、质量约为 52 kg,主要由战斗部、固体火箭发动机和稳定降落伞三部分组成。战斗部采用爆破装药;固体火箭发动机由 Bayern-Chemie Protac 公司设计生产。在距离机场上空约 90 m 的高度上,"阿帕奇"AP 布撒器将 10 颗"克瑞斯"反跑道子弹药抛射出去(8 颗从两侧抛出,2 颗垂直向下抛出);子弹药先打开尾部的降落伞减速调整姿态,随后抛掉尾部降落伞装置,点燃战斗部后方的固体火箭发动机,在 0.25 s 内将子弹药加速到 400 m/s,然后撞击机场跑道,在延期引信的作用下钻入跑道下方爆炸,侵彻深度达 400 mm,其破坏威力与 185 kg

的"迪朗达尔"(BLU - 107/B)炸弹相当。

图 6 - 7　法国"克瑞斯"反跑道子弹药结构局部示图(下)、外形图(上)

英国 SG 357 反跑道子弹药全长 890 mm,翼展为 250 mm,全弹质量约为 26 kg;外形为两级圆柱形,每级圆柱体中均有一个战斗部,弹壳材料均采用钢。前置战斗部采用聚能装药结构,依靠爆炸成型弹丸(Explosively Formed Penetrator,EFP)侵彻机场跑道;后置随进战斗部装填高能炸药,起扩爆成坑效应,两级战斗部有各自的起爆系统。前级圆柱体直径为 106 mm,长度约为子弹药全长的一半,头部装有折叠的伸缩式触发传感器;后级圆柱体部分直径为 180 mm,尾部有减速伞装置和 4 片长而窄的矩形稳定尾翼。在从母弹中抛撒出去后,SG 357 子弹药头部传感器探头伸出,同时降落伞展开,确保子弹药以所需的速度和角度撞击机场跑道。当传感器探头触及机场跑道时(见图 6 - 8),起爆电路闭合,引爆前置战斗部,EFP 对混凝土跑道作用形成一个孔,后置随进战斗部沿着孔进入跑道下方起爆,扩大对跑道的破坏。

图 6 - 8　英国 SG 357 反跑道子弹药触及机场跑道瞬间

德国 STABO 反跑道子弹药外形呈圆柱形,高 603 mm,直径为 132 mm,质量为 16 kg,战斗部为药型罩聚能装药与随进爆破战斗部组成的串联战斗部。子弹药尾部加装降落伞减速装置,在子弹药从母弹中抛出后,降落伞打开,子炸弹调整姿态减速下降。STABO 子弹药配用触发引信,在子弹药触及机场跑道后,前置聚能装药战斗部起爆,通过射流的作用在跑道上形成一个孔,随后爆破战斗部沿着孔进入跑道下方,经预定延期后起爆形成弹坑,如图 6-9 所示。

图 6-9　德国 STABO 反跑道子弹药作战过程示意图

4.综合效应子弹药

综合效应子弹药中最为典型的产品是美国研制的 BLU-97/B 综合效应子弹药。其外形为圆柱形,壳体由钢板模压加工而成;采用聚能装药结构,内装 287 g Cyclotol(RDX/TNT 75/25)。子弹药起爆后,钢质壳体产生大量质量约为 30 g 的破片,可毁伤 15 m 外的轻型车辆、75 m 外的飞机;其对人员的有效杀伤半径达 150 m。这些破片能够可靠地击穿 11 m 外 6.4 mm 厚的装甲板。聚能装药结构在具有破甲效应的同时还伴随有崩落效应,可击穿 125 mm 厚的装甲板,足以穿透现代坦克的顶装甲;当对付低碳钢装甲板时,其穿深达 190 mm。此外,当被攻击区域内目标有汽油、柴油等易燃物时,含锆海绵环在子弹药装药起爆后会产生高温燃烧物质火种,可在目标区域内纵火。BLU-97/B 子弹药采用万向机械、压电触发引信,安装在子弹药尾部,该引信由霍尼韦尔公司生产,传爆序列中采用 CM91 和 MK96 雷管。BLU-97/B 子弹药头部装有一个外伸式导管,可以感知聚能破甲战斗部的最佳炸高。BLU-97/B 子弹药的结构分解图如图 6-10 所示。

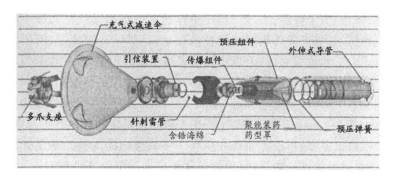

图 6-10　美国 BLU-97/B 综合效应子弹药结构分解图

5.特种子弹药

（1）碳纤维子弹药。碳纤维子弹药是用于攻击电力设施的一种特殊用途子弹药,可由航空炸弹、巡航导弹等武器布撒投放,碳纤维丝束散落到裸露的供电线路上之后可导致供电网络短路,继而中段敌方的正常通信指挥等。

美国 BLU-114/B 碳纤维子弹药（见图 6-11）外形呈圆柱形,类似一个直径约为 70 mm 的罐头盒,内装大量的碳纤维丝和少量的炸药。碳纤维丝很细,直径为 1/10 毫米数量级,在碳纤维丝表面涂覆增强导电性能的物质,使碳纤维丝的导电性能更优。CBU-94/B 集束炸弹从载机投放并下降到一定高度（较低的高度）后,布撒器开舱抛撒出 202 颗 BLU-114/B 子弹药。每枚子弹药都带有一个小降落伞,打开降落伞,子弹药减速并稳定下落。当下落到一定高度时,子弹药内的引信起爆少量抛撒装药,使子弹药外壳破裂并施放缠绕在卷轴上的碳纤维丝,碳纤维丝在空中散开并互相搭接在一起,成网状,搭接到变压器或输电网络上。碳纤维丝经处理后导电性能极高,被抛送到变压器和输电网络上,即可造成电路短路,伴随着短路形成巨大的弧光、火球,同时电线着火,电路中断,电网失效,供电区断电。

图 6-11　美国 BLU-114/B 碳纤维子弹药

（2）云爆/温压子弹药。云爆/温压子弹药可以在起爆后将起爆中心附近的氧气消耗殆尽，并且形成作用时间较长的超压，是对付开阔地带、密闭及半密闭空间内有生力量的重要利器，云爆子弹药采用二次起爆系统：一次起爆用于形成云雾团，二次雷管起爆实现爆轰。

美国 BLU-73/B 云爆子弹药（见图 6-12）质量为 45.4 kg、弹径为 340 mm、长 530 mm，内装 33 kg 环氧乙烷，主要用于清除地雷区和在丛林中开辟通道，也可以用于摧毁工事、破坏技术装备和杀伤工事战壕内的人员。其作战使用过程如下：从飞机上投放出去之后，保险钢丝从装在投弹箱头部的 FMU-83/B 式机械时间引信中伸出，使引信解除保险，经预定延期引爆炸药，使投弹箱后盖脱落，从而拉出降落伞及与之相连的 BLU-73/B 云爆子弹药。在每颗子弹药的头部探杆伸出弹体之外 2.5 s 后使 BLU-73/B 云爆子弹药的 FMU-74/B 式触发引信解除保险。当撞击目标时，探杆或惯性击发装置使该引信动作，引爆起爆药，子弹药弹体炸裂，使内部装填的液态燃料（环氧乙烷）呈云雾状散在目标区内，形成高 2.5 m、直径约为 15 m 的云雾区；同时将云爆雷管散布到该云雾区内，经预定延期，引爆云雾。在距离爆炸中心 15 m 处的爆轰波阵面的超压大约为 29 kg/cm²，可使半径 20～30 m 范围内的人员遭到严重杀伤，并会使半径 20～25 m 范围内的地雷被引爆。若探杆或惯性击发装置失灵，则在子弹药引信动作 2 min 之后，由 1 个自毁装置引爆起爆药，从而引爆云雾区。

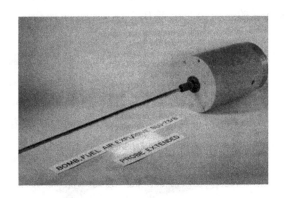

图 6-12　美国 BLU-73/B 云爆子弹药

6.2.2　灵巧子弹药

灵巧子弹药是指一种新型的、与传统子弹药本质上不同的子弹药。此种子弹药在不同程度上克服了传统子弹药的缺点,要么使用者在发射或投射后的适宜阶段可以干预或矫正其行为和状态,要么其自身在适宜的阶段可以修正或驾驭自己的行为或状态,如其位置或姿势的修正或控制,目标的搜索、探测、识别和选择,攻击方式和时机决策等。

1.末敏子弹药

末敏子弹药是"末端敏感子弹药"的简称,又称为"敏感器引爆子弹药",能够在弹道末段探测目标的存在,并使战斗部朝着目标方向爆炸,是将多种先进技术应用到子母弹药领域中所形成的一种灵巧子弹药,可由多种平台发射,主要用于自主攻击装甲车辆的顶装甲。末敏子弹药的结构示意图如图 6-13 所示。

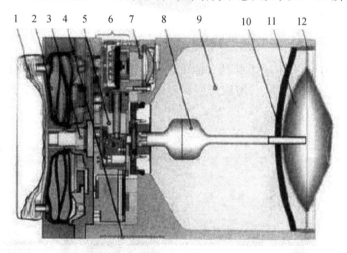

图 6-13　末敏子弹药的结构示意图

1—减速伞;2—旋转伞;3—分离机构;4—减旋翼;5—安全起爆装置;6—电子模块;7—红外敏感器;8—毫米波组件;
9—炸药;10—药型罩;11—毫米波天线;12—定位环

末敏子弹药主要由减速/减旋装置、稳态扫描装置、敏感器系统、弹载计算机和 EFP 战斗部等组成。载体可以是炮弹、火箭弹、航空炸弹、航空布撒器、无人机、战术导弹等。末敏弹飞行至目标区域上空后开舱抛撒出携带的末敏子弹药,抛出的子弹药经过分离、减速,必要时还要经过减旋过程后,利用稳定系统进入稳态扫描阶段。此后,多模敏感器开始探测地面目标并将探测到的数据实时传送给弹载计算机进行分析、处理、决策。一旦识别到目标,立刻发出攻击指令起爆 EFP 战斗部,攻击目标顶装甲。

法国和瑞典联合研制的"博纳斯"末敏子弹药(见图 6-14),采用多波段红外传感器探测目标,利用弹翼稳定下降,其 EFP 战斗部可攻击 200 m 远的主战

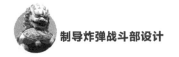

坦克。

图 6-14 "博纳斯"末敏子弹药

德国 SMART 末敏子弹药(见图 6-15)带有红外和主/被动式毫米波(94 GHz)的多模式传感器,利用钽药型罩形成 EFP,可有效地攻击 120 m 远的主战坦克。

图 6-15 德国 SMART 末敏子弹药

2.以"末敏子弹药"为基础的灵巧子弹药

该类子弹药以末敏子弹药为基础,通过空地子母武器将二级平台抛撒至目标上空再抛射"末敏子弹药",或当探测识别到目标后抛射一颗或多颗"末敏子弹药",实现对目标的摧毁,如 BLU-108 传感器引爆子弹药、智能雷弹药等。

(1)传感器引爆子弹药。BLU-108 传感器引爆子弹药(见图 6-16)外形呈圆柱形,主要由控制系统、抛射系统、斯基特战斗部系统、发动机系统及定向稳定系统等组成。其弹体直径为 133 mm，长 790 mm，每颗子弹药装有 4 个斯基特战斗部，质量为 29 kg。斯基特战斗部直径为 127 mm，高 90 mm。斯基特战斗部系统包括 EFP 战斗部、探测系统、电源系统、起爆系统、壳体。BLU‑108 传感器引爆子弹药主要用于攻击主坦克、导弹发射架、防空设备、装甲人员运输车和停机坪上停放的飞机等。

BLU‑108 从空中布撒后，引导伞抛出，减速并拉出主伞，主伞稳定姿态并起减速作用，当全系统处于垂直姿态（达到预定高度）时，抛掉引导伞和主伞，同时抛掉部分蒙皮，然后小型火箭发动机工作，使 BLU‑108 向上运动并开始转动，在达到一定转速后，4 个斯基特战斗部的固定簧同时向相反方向释放。每个斯基特战斗部单独降落，通过红外传感器扫描匹配的坦克特征。当目标被探测锁定时，斯基特战斗部起爆，产生主 EFP 直接向下攻击，同时产生破片环（或次EFP）向外攻击附近的软目标。如果没有探测到目标，斯基特战斗部将在触地前及时自毁。每个斯基特战斗部的扫描面积为 2 697.9 m^2，CBU‑97 炸弹中的 40个斯基特战斗部的可搜索面积达 60 703 m^2。

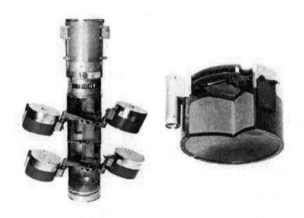

图 6‑16　BLU‑108 传感器引爆子弹药(左)和斯基特战斗部(右)

(2)智能雷弹药。美国 AHM 反直升机地雷(见图 6‑17)为圆柱形，全弹高380 mm，直径为 180 mm，质量为 10 kg，由传感器与战斗部、指挥与控制两大部分组成，探测与识别系统采用了高技术传感器，具有全天候工作能力。它可以通过声传感器和信号处理器探寻直升机螺旋桨叶片的独特声响，并能分辨直升机的类型，其可靠性达 90%，防御范围为半径 400 m、高度 200 m 以下的空域，战斗部的有效距离在 100 m 以上。

AHM 反直升机地雷采用 4 个声传感器探测和识别目标，可探测 6 km 以内的直升机。只要声波探测器感受到直升机的声音，数据处理系统就开始用三角测量法确定目标坐标,指挥控制系统根据螺旋桨发出的不同声响分辨直升机的类型,当目标接近到一定地界时,地雷就会根据传感器的信号利用抛射药将地雷抛射升空,并借助其红外自动导引头所确定的最佳爆炸条件,引爆雷体内的多个EFP。这种由多个EFP构成的战斗部在爆炸后将形成弹丸束,靠其动能将足以摧毁低飞的直升机目标。通过预编程序,传感器还可关闭雷场,让友方直升机顺利通过。

图 6-17 美国 AHM 反直升机地雷

3.末制导子弹药

末制导子弹药装有制导系统和可驱动的弹翼或尾舵等空气动力装置,在末端弹道上,制导系统可处理导引头探测的目标信息,形成驱动弹翼或尾舵的控制指令,修正弹道,使子弹药命中目标。

美国 BAT 子弹药(见图 6-18)是一种顶部攻击智能反装甲子弹药,外形呈圆柱形,长 914.4 mm,直径为 139.7 mm,质量为 19.96 kg,弹体中心附近有 4 片平直的可折叠弹翼,每片弹翼末端装有声传感器探针,头部装有红外导引头。BAT 子弹药可配用于多种武器,也可由无人机直接投放。

美国"毒蛇"子弹药由 BAT 子弹药改造而成,导引头换成了半主动激光导引头,主要用来攻击大型车辆,也能攻击较小的目标或建筑物。子弹药重20 kg,安装到无人机上(包括运载箱在内)时全重 22.7 kg。子弹药加装了 GPS 接收机,当从 6 km 高空投放时,射程可以达到 64 km。由于精度高,所以"毒蛇"子弹药适于攻击城区目标。此外,由于攻击目标时近乎垂直,所以子弹药可攻击高大建筑物之间的目标。

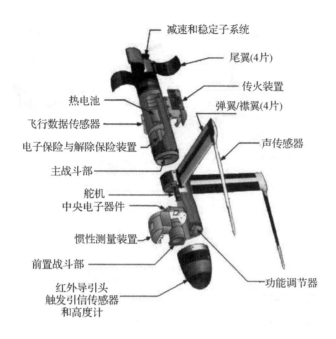

减速和稳定子系统

尾翼(4片)

传火装置

弹翼/襟翼(4片)

热电池

飞行数据传感器

电子保险与解除保险装置

声传感器

主战斗部

舵机

中央电子器件

惯性测量装置

前置战斗部

功能调节器

红外导引头
触发引信传感器
和高度计

图 6 - 18　美国 BAT 子弹药

4.巡飞侦察监视子弹药

　　巡飞侦察监视子弹药在飞行初期可由各种炮弹、火箭弹、航空炸弹、导弹、布撒器等母弹携带,当到达预定高度和距离时被母弹抛出,然后子弹药自己再进行一定距离的巡飞或目标区内的巡飞,并完成指定任务。这类子弹药的优点是利用母体的高速飞行,快速进入目标区执行作战任务,能有效对付时间敏感目标。它是无人机技术和子弹药技术有机结合的产物,可实现侦察与毁伤评估、精确打击、空中无线电中继、目标指示、空中警戒等作战功能,其“巡飞”能力对打击时间敏感目标,以及机场、港口、航母战斗群等目标具有重大作用。

　　美国 LOCAAS 子弹药(见图 6 - 19)分为非动力型和动力型两种,可大范围搜索、识别和摧毁各种地面机动目标。LOCAAS 子弹药主要由多模式战斗部、低成本激光雷达导引头、小型涡喷发动机、可折叠式弹翼/尾翼和隐身蒙皮等部分组成。

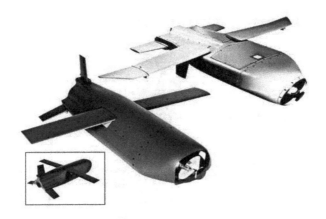

图 6 - 19 美国 LOCAAS 子弹药

LOCAAS 子弹药的主要战术技术性能如下：

(1)质量:22.68 kg(非动力型),43 kg(动力型);

(2)长度:510 mm(非动力型),762 mm(动力型);

(3)直径:203.2 mm×254 mm;

(4)战斗部质量:7.7 kg;

(5)制导系统:GPS/INS 中段制导,固态激光雷达末制导;

(6)动力装置:13.6~22.5 kg 推力小型涡喷发动机;

(7)导引头扫描范围:3 700 m×700 m(非动力型),20 000 m×2 000 m(动力型);

(8)射程:约 20 km(非动力型),大于 185 km(动力型)。

LOCAAS 子弹药由飞机、机载布撒器等平台投放后自主飞行至目标区域,并以低燃油消耗盘旋于战场上空,其激光雷达导引头可对区域搜索后产生三维目标图像,利用自动目标识别处理器对目标进行识别和分类,自动确定对目标的瞄准点,依据目标的类型(导弹发射车、装甲车辆、主战坦克等)自动对战斗部的起爆形式进行选择,产生不同的毁伤元素对目标实施最大程度的毁伤。LOCAAS 子弹药的工作过程示意图如图 6 - 20 所示。

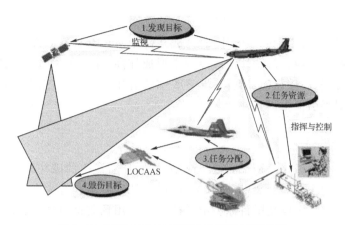

图 6 - 20　美国 LOCAAS 子弹药的工作过程示意图

|6.3　典型航空子弹药系统组成|

6.3.1　反装甲/反人员双用途子弹药

反装甲/反人员双用途子弹药一般由战斗部、引信、减速伞和炸高组件等组成。战斗部主要由弹壳、药型罩、主装药等组成;引信由压电机构和底保险机构等组成;减速伞包括伞绳、伞衣和伞弹连接环等;炸高组件包括头部弹簧和外伸套管等,其典型结构可参考美国的 BLU - 97/B 子弹药,其结构示意如图 6 - 21 所示。

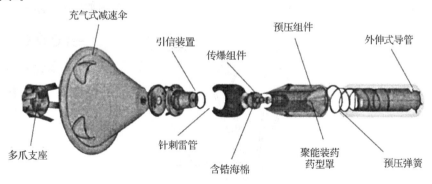

图 6 - 21　美国 BLU - 97/B 子弹结构示意图

BLU-97/B子弹药为反装甲/反人员双用途子弹药的典型结构,采用聚能装药结构,依靠射流和壳体破片杀伤,战斗部中装填有含锆海绵,可以在弹药爆炸时形成纵火效应。依靠外伸式导管来形成炸高,在母舱中时外伸式导管为压缩状态,在出舱后依靠弹簧到位,导管头部装有压电引信组件,在碰触目标时则形成电流引爆引信中雷管,瞬发度较高。

1.战斗部

战斗部采用破片杀伤聚能战斗部,利用爆炸后产生的破片和射流对目标进行毁伤。破片主要对轻装甲车辆、集群目标、技术阵地和有生力量进行杀伤;射流主要攻击坦克等厚装甲目标。子弹药壳体采用预刻槽设计,通过炸药爆轰产物剪切破坏壳体来形成破片,从而产生杀伤效应;装药采用聚能装填技术,通过成型装药的聚能效应压垮药型罩,形成高速的金属射流来侵彻装甲,聚能效应如图6-22所示。

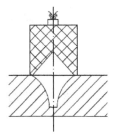

图 6-22 聚能效应示意图

2.减速伞

子弹药在抛撒后有一段带伞飞行的过程,用于减速和调整姿态,使子弹药以一定速度和角度落到地面,起到预定作战效果,减速伞的结构如图6-23所示。

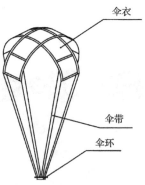

图 6-23 减速伞结构示意图

减速伞由伞衣、伞带和伞环三大部分组成。伞衣是可充气至一定形状并产生气动力的织物面,其用途是当它在空气中下落或被运动物体拖拽时可产生减速力或稳定力;伞带的作用通常为通过物体拖曳端的用布将减速力从伞衣传至物体;伞环在伞绳汇交点下方形成一个单独的受力件,起到与弹体连接的作用。

3.安保系统

为确保子弹药在勤务过程中的安全性以及在作用过程中顺利起爆,需要有一个良好可靠的安保系统。

子弹药使用拉力保险机构、空间闭锁保险机构和离心保险机构等构成冗余保险系统。拉力保险机构利用子弹药抛出后,飘带或膨胀减速伞打开伸展瞬间产生的拉力来解除保险,子弹药安全留在布撒器内时依靠空间闭锁保险机构,从母弹投放出去之后,当子弹药经受气流时,十字形挡盖被释放,激活附加膨胀减速器,形成拉力引信主轴上的卡环允许该轴向后移动,使得弹簧曲柄销缠紧转子簧,并使卡环将轴锁定在解除保险位置。横销抑制主轴移动,转子通过擒纵机构延期大约 0.5 s 后抵达解除保险位置并闭锁,雷管与导爆管对正,第一和第二压电发火电路实现接地。解除保险时,子弹药上的弹出管被释放,并借助压缩弹簧向前伸出,从而启动触发发火电路。

6.3.2 末敏子弹药

末敏子弹药在发射或投放后的外弹道某段上能自主搜索、探测、识别直至瞄准并攻击目标,是一种新型的与常规子弹药性质不同的智能弹药。

末敏子弹药具有命中精度高、毁伤威力大、效费比高等特征,通常采用武器平台携带后抛撒,通过探测系统敏感器对目标进行探测识别,然后将相关信息传给中央控制器,实现对目标的精确打击。

末敏子弹药主要由弹体外壳、稳态扫描系统(含涡环旋转伞、减速伞等)、复合探测系统(含毫米波天线、毫米波接收组件、红外探测器等)、EFP 战斗部、安保机构、中央控制器、热电池等组成,如图 6-24 所示。

末敏子弹药探测器主要为毫米波与红外的复合探测体制,电池、安保机构、探测器电子元器件均位于电子舱之中,电池采用击发机构激活,伞弹分离采用抛射药盒作用后的燃气推动涡旋伞盒而完成。

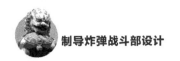

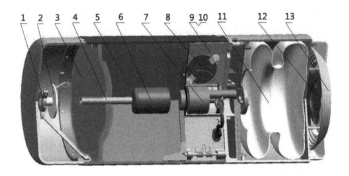

图 6-24 末敏子弹药剖面图

1—毫米波天线;2—副反射面;3—药型罩(主反射面);4—馈源;5—主装药;6—毫米波接收组件;7—安保机构;

8—热电池;9—红外探测器;10—中央控制器;11—涡旋伞;12—减速伞;13—尾部弹簧

1.稳态扫描系统

稳态扫描系统主要包括涡环旋转伞、弹伞连接机构和减速伞等,系统结构如图 6-25 所示。其中,涡环旋转伞的主要作用是实现末敏子弹药的旋转扫描,次要作用是减速。弹伞连接机构的主要作用是连接末敏子弹药弹体与涡环旋转伞,并且从结构上实现末敏子弹药与铅垂线形成一定角度的静态稳态扫描角,进而保证末敏子弹药稳态扫描时所需的扫描角。减速伞的主要作用是保持末敏子弹药出舱后的姿态稳定,次要作用是减速,减小涡环旋转伞展开时的速度和开伞过载。

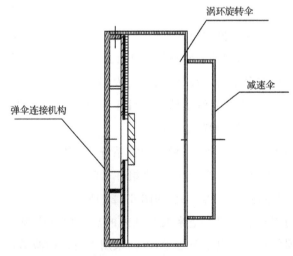

图 6-25 稳态扫描系统结构图

2.复合探测系统

复合探测系统是末敏子弹药的核心敏感部件,用于完成对目标的搜索、探测、识别和定位。

复合探测系统一般由复合探测器和信息处理器等组成。复合探测器一般由两种及两种以上的传感器组成,可感知外部目标和背景的差异变化特性并将其转化为电信号,目前末敏子弹药的传感器一般分为主动探测器和被动探测器,主动探测器包括激光雷达、毫米波雷达、高度计等,被动探测器包括毫米波辐射计、红外辐射计等。信息处理器主要是对复合探测器获取的信息进行 A/D 采样、信息预处理、信息融合、识别决策及完成发火控制等。

3.EFP 战斗部

EFP 战斗部主要由壳体、药型罩、主装药、副装药、传爆药柱和隔板等构成。

(1)壳体。壳体可采用薄壁钢质结构,一方面保证了弹体结构的强度要求,另一方面为装药预留了空间,有利于提高战斗部威力。壳体前端加工有环形台阶,用于限制药型罩向前移动。

(2)药型罩。为满足打击雷达等轻装甲目标的作战需求,药型罩采用多 EFP 药型罩结构。

(3)主装药。战斗部为聚能破甲多 EFP 型战斗部,聚能爆炸形成的规则高速自锻破片是其主要杀伤元,为了增加药形罩的闭合速度,提高自锻破片的初速,主装药应选用高爆压、高爆速炸药。

(4)副装药。副装药的作用是接收传爆药柱的爆轰能量,进一步起爆主装药。在爆轰波沿副装药前进的过程中,爆轰波形会发生变化,因此副装药与前端器件共同起环形起爆装置的作用。

(5)传爆药柱。传爆药柱的作用是将安保机构的输出信号扩大以起爆副装药,传爆药柱须能够可靠起爆战斗部副装药。

(6)隔板。在装药中设置隔板,一方面是为了包裹探测元件,另一方面在于改变药柱中传播的爆轰波波形,控制爆轰方向和爆轰波到达药型罩的时间,提高爆炸载荷,获得较高的破甲威力。当聚能装药的药型罩和装药外形给定时,破甲威力就主要取决于爆轰波形。

EFP 聚能装药中隔板的直径不宜过大,若隔板直径较大,当爆轰波传播到药型罩时,首先从药型罩的中部而不是顶部开始加速,导致 EFP 的成型效果较差,头、尾速度差较大,使得 EFP 在飞行过程中可能发生断裂,另外,隔板直径较大,炸药的有效装药量将会减少,使得 EFP 的速度降低。

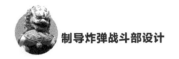

4.安保机构

安保机构一般具有机械和电保险两道独立的保险机构,可保证安保机构的安全和作用可靠。安保机构主要由滑块部件、电路部件、机械保险机构、电保险机构、传爆序列等组成,结构图如图 6-26 所示。安保机构采用隔离雷管型机构。平时,滑块部件由机械保险机构和电保险机构锁定,传爆序列处于隔爆状态,雷管短路,安保机构处于保险状态,保证了安保机构在运输、装卸、储存和勤务过程中的安全。

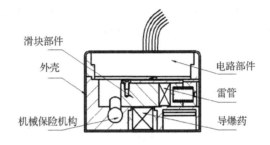

图 6-26 安保机构结构图

|6.4 小   结|

当今世界正处于一个飞速发展的时代,一方面,各种新型武器装备先后试验并装备部队,攻击手段和攻击模式呈现多样化的发展趋势;另一方面,先进的防护技术及装备也得以发展并应用,普通的打击手段很难对其形成威胁。当前,我国的军事装备特别是灵巧类子弹药发展较为缓慢,研制周期过长,与西方发达国家有一定的差距。在应对突发事件或局部战争等状况时能力有所欠缺,不利于我国的国防建设以及国家的发展与稳定。

近年来随着无人作战飞机、舰载机、四代战机等新型作战平台的发展,世界各国对航空子弹药均提出了新的要求,比如对弹药的尺寸大小、作战使用方式、环境适应性和安全性等都提出了与以往不同的要求。因此,应针对这些要求开发适应无人机、舰载机、四代机等平台挂载的灵巧子弹药。系列化、模块化、组合化、小型化、低成本是武器装备发展的总体趋势和要求。另外,可变效应毁伤、增大射程、网络化及智能化等是装备发展的具体方向,应根据武器装备发展的总体趋势和具体方向开展新产品研究。

第 7 章

特种战斗部设计

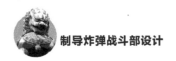

|7.1 聚能战斗部设计|

7.1.1 概述

聚能战斗部是利用空心装药的聚能效应压垮药型罩,形成高速金属/非金属射流,可以在需要打击的目标上穿孔,被广泛应用于破甲、攻坚、反舰和防空弹药上。攻击现代坦克的破甲战斗部常采用复合串联结构,主要包括破-破、穿-破等多种形式,第一级战斗部是为了对付坦克披挂的爆炸式反应装甲,利用聚能射流击爆反应装甲或利用自锻弹丸在反应装甲上穿透出足够大的通孔,为第二级主战斗部聚能射流侵彻扫清障碍;攻击混凝土类目标的弹药战斗部,常采用前级聚能开孔加后级侵彻爆破的形式。

1888 年,美国科学家 Monroe 在试验中发现了聚能现象,当炸药柱一端有一定尺寸的空穴时,起爆后能够在金属板上形成穿孔。图 7-1 所示为不同装药结构和不同炸高条件下,装药起爆后在钢板上的穿孔区别。如果在锥形孔内放置一个钢衬(药型罩),仍直接放在钢板上起爆,能够在钢板上产生 80 mm 的孔,如图 7-1(c)所示。若将带药型罩的药柱置于离钢板 70 mm 的高度起爆,炸孔深度能达到 110 mm。

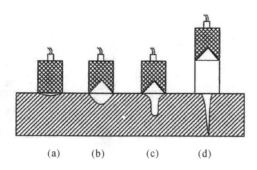

(a)　　　(b)　　　(c)　　　(d)

图 7 - 1　不同装药结构和起爆状态的侵彻能力

　　约翰·冯·诺依曼于 20 世纪初期,从理论上分析了炸药爆炸形成的这种空穴效应。这种利用药柱一端的空穴结构来提高局部破坏能力的效应被称为聚能效应。随着聚能效应的发展,利用聚能效应毁伤目标的战斗部应运而生,一般由药型罩、主装药、波形调整器、起爆序列等组成,典型结构如图 7 - 2 所示。

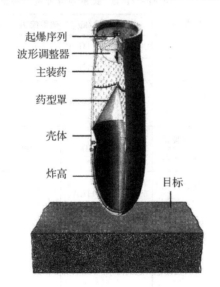

起爆序列
波形调整器
主装药
药型罩
壳体
炸高
目标

图 7 - 2　聚能破甲战斗部结构

　　美国 BGM - 71"陶"式导弹为最具代表性的聚能武器系统,BGM - 71"陶"式导弹是美国休斯顿飞机公司于 20 世纪 60 年代研制的一种管式发射、光学瞄准、红外自动跟踪、有线制导的第二代重型反坦克导弹武器系统。导弹弹体呈柱形,有前、后两对控制翼面:第一对位于尾部,四片对称安装,为方形;第二对位于弹体中部,每片外端有弧形内切,如图 7 - 3 所示。

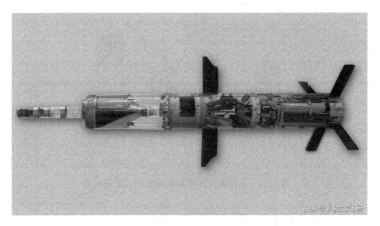

图 7-3   美国 BGM-71"陶"式导弹

BGM-71"陶"式系列导弹的主要参数见表 7-1。

表 7-1   BGM-71"陶"式系列导弹主要参数

型 号	弹径/mm	弹长/mm	弹头质量/kg	破甲能力/mm	备 注
BGM-71A		1 160	3.9(2.63 HE)HEAT	600	基本型
BGM-71B		1 160	3.9(2.63 HE)HEAT	600	改进型,增大了射程
BGM-71C		1 410(探针伸出) 1 170(探针折起)	3.9(2.63 HE)HEAT	800	改进型,改良了锥形装药弹头
BGM-71D		1 510(探针伸出) 1 170(探针折起)	5.9(3.6 HE)HEAT	900	TOW 2,改良了导引、引擎和加大主弹头
BGM-71E	152	1 510(探针伸出) 1 170(探针折起)	5.9(3.6HE)HEAT	1 000 1层反应装甲	TOW 2A,使用纵列弹头,打击反应装甲
BGM-71F		1 168	5.9(3.6 HE)HEAT	—	TOW 2B,使用 EFP 进行顶部攻击
BGM-71G		—	—	—	TOW 2B 的衍生型,改用穿甲弹,未生产
BGM-71H		—	—	—	TOW 2A 的改型,对付加固建筑,称为"碉堡克星"

AGM-114"地狱火"(Hellfire)导弹是美国洛克希德公司研制的一种反坦克导弹,是美国著名的反坦克武器之一,如图 7-4 所示,目前 AGM-114 已发

展成为包括 AGM – 114A/B/D/K 等多种型号在内的具有多种作战功能的导弹家族。

图 7 – 4　美国 AGM – 114"地狱火"导弹

AGM – 114 导弹具有发射距离远、精度高、威力大的优点,采用激光制导,抗干扰能力强。与 BGM – 71"陶"式反坦克导弹不同的是,AGM – 114 导弹不再使用铜线作为有线电导引头,在直升机发射导弹后,行动不会受到限制,可以立即回避敌人的攻击。AGM – 114 导弹参加了诸多战事,如巴拿马战争、沙漠风暴、科索沃战争、伊拉克战争、阿富汗战争等,2001—2007 年,美国在空战中发射了超过 6 000 枚 AGM – 114 导弹,在战争中发现,该小弹头能在城市战中降低平民的伤亡概率,美军还首创了 AGM – 114 导弹配合无人机攻击恐怖分子的战术,对于反恐战争有很大的战术价值。

AGM – 114"地狱火"系列导弹的主要参数见表 7 – 2。

表 7 – 2　AGM – 114"地狱火"系列导弹主要参数

型　号	弹径/mm	弹长/mm	弹　头	说　明
AGM – 114A	178	1 630	—	基本型,主要攻击战车、载具
			—	基本型,采用电子点火方式
AGM – 114B/C			—	过渡型,主要攻击战车、载具
AGM – 114F			9 kg 高爆反战车弹头	第二代,可攻击所有装甲目标
AGM – 114K			—	"长弓地狱火",配有毫米波雷达
AGM – 114L			爆破裂解弹头	第二代,可攻击碉堡、轻型载具、洞穴、软性目标等
AGM – 114M				
AGM – 114N			8 kg 成型装药金属加强弹头	第二代,可攻击围墙、船舶、防空设施、软性目标等
AGM – 114P				第二代,可用于无人机上的版本,可适应高空发射

聚能战斗部技术已广泛应用于鱼雷之中,美国的"MK-50"、法国的"海鳝""MU-90"及英国的"鳐鱼""旗鱼"等轻型鱼雷均已采用复合式鱼雷战斗部技术和聚能装药结构。美国 MK-50 鱼雷战斗部(见图 7-5)的装药量仅为 40~60 kg,通过对药型罩进行优化设计,能够产生高速的自锻破片,并在水中保持良好的形状,有效攻击距离高达 15~25 m,可穿透具有含水夹层的双层结构防护装甲舰壳体,在自锻弹丸预先开辟通路的情况下,携带几十千克装药的第二级战斗部能进入潜艇或航母内部进行随进爆炸,显著提高了鱼雷的毁伤威力。

图 7-5　美国 MK-50 鱼雷战斗部

美国 GBU-53/B 制导炸弹采用了聚能破甲+半预制破片的新型多功能战斗部,如图 7-6 所示。聚能装药主要用于攻击重型装甲,战斗部壳体为内部刻槽结构,可形成近 4 000 个高速碎片,用于攻击软目标。

图 7-6　美国 GBU-53/B 制导炸弹

美国 BLU-97/B 综合效应子弹药采用聚能装药结构(见图 7-7),内装 287 g Cyclotol 炸药,产生的聚能射流可击穿 125 mm 厚的装甲板,足以穿透现代坦克的顶装甲;当对付低碳钢装甲板时,其穿深达 190 mm,子弹药头部装有一个外伸式导管,可以感知聚能破甲战斗部的最佳炸高。

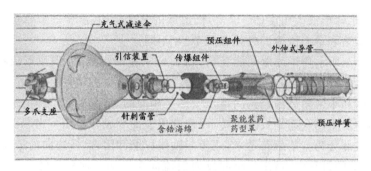

图 7 - 7　美国 BLU - 97/B 综合效应子弹药采用聚能装药结构分解图

7.1.2　射流形成机理

图 7 - 8(a)所示为聚能战斗部装药的基本结构,图中把药型罩分成四个部分,称为罩微元,以不同的剖面线区分开。图 7 - 8(b)表示当战斗部被起爆,爆轰波到达药型罩顶部微元 4 时,顶部的金属受到强烈的压缩,获得一个向口部的速度;当爆轰波继续向口部运动,到达微元 3、2 之间时,则微元 4、3 被压向轴线,在轴线上发生高速碰撞,碰撞之后,微元 4、3 挤出一股高速运动的金属流,其余的金属闭合而形成低速运动的杆体;爆轰波继续运动,依次到达微元 2、1,各微元在轴线上发生高速碰撞,继续形成射流和杆体。图 7 - 8(c)表示药型罩已经完全形成了熔融态的高温、高速金属流,各个罩微元都有一部分参与组成了头部细长的射流和尾部短粗的杆体。

由于射流的速度高于杆体,所以两者最终会分离断裂。药型罩通常只有约 30% 形成射流,其余主要形成杆体,很少一部分形成罩底的碎片。

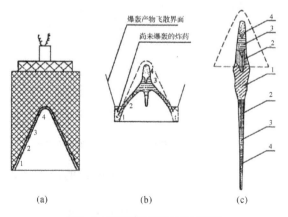

(a)　　　　　　　(b)　　　　　　　(c)

图 7 - 8　聚能射流形成过程示意图

对于半球形或大角度(90°以上)锥形罩的装药结构,由于药型罩形状的特殊性,所以压垮和罩面碰撞的过程和图7-8不同。

图7-9所示为半球罩聚能装药,当装药从左端起爆后,很快形成稳定的球形爆轰波,并以定速向右传播。当爆轰波接触罩顶(见图7-10)之后,罩顶部被压向前方,和小锥角装药结构的罩顶变形是相似的,当爆轰波继续前进越过罩顶时,罩面不发生闭合而是发生翻转,原来的内表面变成外表面。当爆轰波到达罩口部时,大部分药型罩翻转过来,逐步向轴线压缩和闭合,一边向前运动,一边伸长。在压缩的过程中,挤出一小股反向射流向左运动。这种翻转后又经过收缩的罩体被称为高速弹丸。随着高速弹丸的运动,反向金属流将与高速弹丸断裂。与一般锥形罩一样,当爆轰波到达罩口部时,由于出现卸载波,所以口部的一部分罩微元发生断裂,直接飞向前方。

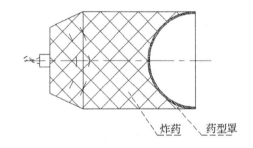

炸药　　　药型罩

图7-9　半球罩聚能装药

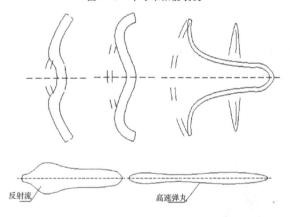

反射流　　　　　　　　高速弹丸

图7-10　半球罩的变形和高速弹丸的形成过程

大角度(90°以上)锥形罩的压垮与高速弹丸的形成,与以上半球罩基本相似。

由上述分析可知,金属流是通过药型罩内表面附近的金属之间的高速碰撞挤压出来的,金属流会承受非常强烈的压缩变形。根据高速碰击试验表明,当碰击压力大于 1.4×10^5 MPa 时,紫铜部分融化;当碰击压力大于 1.8×10^5 MPa 时,紫铜将全部融化。以某战斗部为例,紫铜药型罩顶部压垮的碰击压力约为 $(1.3 \sim 1.7) \times 10^5$ MPa 时,因此紫铜罩形成的金属流,头部接近熔化状态,再参考杆体的金相分析,推断这部分的金属流温度约为 1 000℃以上(紫铜的熔点是 1 083℃)。自药型罩顶部以后,碰击压力逐渐下降,形成的金属流温度也相应地下降,到离罩口部 1/3 处,压力可能下降到 1.3×10^5 MPa 以下,此时形成的金属流温度明显低于熔点。由此可知,就整个金属流而言,头部速度高、温度高,尾部速度低、温度低。

金属流的头部速度与罩材料及形状诸因素有关,根据 X 射线测量,各种锥角紫铜罩形成的金属流头部速度见表 7 - 3,各种材料药型罩形成的金属流头部速度见表 7 - 4。

表 7 - 3　各种锥角紫铜罩金属流头部速度

药型罩角度/(°)	金属流头部速度/(m·s⁻¹)
30	7 800
40	7 000
50	6 200
60	6 100
70	5 700

注:8701 炸药,药柱直径为 36 mm,长 50 mm,紫铜药型罩,壁厚 0.8 mm。

表 7 - 4　各种材料药型罩金属流头部速度

药型罩材料	金属流头部速度/(m·s⁻¹)
碳钢	7 300
硬铝	8 500
紫铜	7 800

金属流各断面的直径,从头部到尾部逐渐增大,但随着金属流伸长,各断面的直径逐渐减小。根据闪光 X 射线照相显示,头部直径与尾部直径基本相差 50%。对于直径为 36 mm 的紫铜罩聚能装药来说,金属流开始形成瞬间断面的平均直径为 3 ～ 4 mm;对于直径为 80 ～ 90 mm 的紫铜罩聚能装药来说,金属流断面的平均直径为 6 ～ 7 mm。由于金属流直径小、速度高,所以单位横截面积上的能量特别高,以金属流头部速度 7 800 m/s、尾部速度 2 200 m/s、平均直径 6 mm 和金属流质量占药型罩质量 120 g 的 25% 为例进行计算,金属流每平方

厘米横截面积上的动能达到 1.34×10^6 J,约为 100 mm 滑膛超速穿甲弹的 4.2 倍,约为 100 m 普通穿甲弹的 15.5 倍。

观察从沙箱或水池回收的杵体,杵体的表面具有原来罩表面的痕迹。例如在紫铜罩外加上一个薄钛合金罩,结果在杵体的外表面会包上钛合金,如图 7-11 所示。又如在钢药型罩外表面镀铜,将会在回收的杵体上看到附着的铜。因此证明,杵体是由罩外表面和表面以内的部分金属组成的,此部分金属占罩质量的 70%~80%。杵体的形状为圆锥体,大端与罩口部相对应,小端与罩顶部相对应,杵体长度与罩母线长度相近。杵体中心线上有小槽,是药型罩完全闭合后金属流继续拉伸形成的。杵体中心线附近温度最高,与金属流温度相近,外表温度低,杵体的平均温度约为 400℃。杵体在金属流之后运动,闪光 X 射线测量杵体速度为 450~500 m/s。

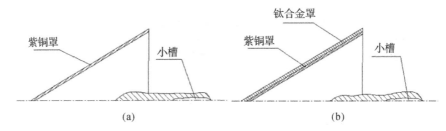

图 7-11 锥形罩形成的杵体

(a)一般药型罩;(b)双层罩

半球形和大锥角药型罩所形成的反向金属流,其形成的过程与中等角度锥形罩相似,但其运动参数比中等角度锥形罩低很多。半球形与大锥角药型罩形成的弹丸,是药型罩在爆轰产物的压缩下,经过翻转、收缩、闭合和拉伸形成的,其物理状态与杵体相当。这种弹丸的横断面积较小,例如直径 36 mm、长度 26 mm 的半球罩药柱,断裂前平均直径约为 5 mm。高速弹丸的头部速度远低于中等角度锥形罩,相同直径、不同材料半球形和大锥角药型罩形成的高速弹丸头部速度见表 7-5。

表 7-5 半球形和大锥角药型罩形成高速弹丸的头部速度

药型罩材料	高速弹丸头部速度/(m·s^{-1})
紫铜半球罩	4 146
硬铝半球罩	6 170
钢半球罩	3 990
120°紫铜锥形罩	4 000

7.1.3　有效药量与爆轰波形

1.聚能装药的有效药量

由 7.1.2 节的叙述可知,当聚能装药爆炸时,一部分炸药将爆炸能量传递给药型罩,药型罩受到压缩后向轴线运动。在轴线上,罩面发生汇聚碰撞,形成能量高度集中的金属流。由此可知,金属流的能量基本是由传递给药型罩的爆炸能所决定的。

为了分析作用于药型罩的有效药量(爆炸能)的情况,引入瞬时爆轰的概念,假定炸药的爆轰速度极大,以至于可以认为药柱各部分在同一瞬时完成爆轰,即药柱爆轰经过的时间等于 0,当然这与实际情况是不符的。在这种假设条件下,先来分析一种平面装药(见图 7-12)在各方向的有效药量问题。当此平面装药爆炸时,爆轰产物同时向四方飞散,产物飞散的方向垂直于周线,飞散时由外向里并一层层地深入,最后平面装药按 a、b、c、d 四个区域向各方向飞散,这些区域的分界线是四条对角线和一条平分线,各个区域中所包含的炸药量就是平面装药在相应方向上的有效药量。根据爆轰理论,这些对角线和平分线是从不同方向来的稀疏波的交线。将平面装药沿中轴旋转 $360°$,即圆柱形装药,划分有效药量的方法不变。根据瞬时爆轰和作图方法,可以类似地决定聚能装药在聚能方向的有效药量。

图 7-12　平面装药

对于带有药型罩和外壳的聚能装药战斗部,决定聚能方向的有效药量时,必须同时考虑药型罩和外壳的影响。图 7-13 所示为美国 M72 火箭带外壳聚能装药(无隔板)战斗部结构,按无罩处理时,可从 G、E、F、H 四角作平分线,角 G 与 E 的平分线相交于 C,角 H 与 F 的平分线交于 D,连接 CD,则 $ECDF$ 中所包围的炸药就是作用于药型罩方向上的有效药量。如前所述,GC、HD、EC、CD 与 FD 均为稀疏波的交线,当考虑药型罩和外壳的影响时,则 CD、EC 与 FD 这些稀疏波的交线将发生移动,移动的方向与药型罩、外壳的强度及其材料密度有密切的关系,当外壳的强度和密度大于药型罩的强度和密度时,则爆轰产物向药型罩方向膨胀得快些,稀疏波的交线 CE、FD 相应地将向外壳方向移动,因此对药型罩方向的有效药量增大;当外壳的强度和密度小于药型罩的强度和密度时,则爆轰产物向外壳的方向膨胀得快些,而从外壳方向传来的稀疏波前进得快些,稀疏波交线 CE、FD 将向药型罩方向移动,因此对药型罩方向的有效药量减少。当外壳与药型罩的强度和密度相差不大时,则 CE、FD 基本不动。在实际工作中,为了便于处理,则不考虑外壳和药型罩带来的影响。在药型罩上总的有效药量决定后,有时将罩面分成许多微元,此时从各微元的端点作平行线与 CE、CD 和 FD 相交,即可求出各罩微元上的有效药量。

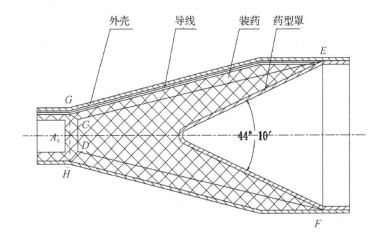

图 7 - 13   美国 M72 火箭战斗部(无隔板)

2.爆轰波形对聚能作用的影响

参考图 7 - 13,在传爆药柱起爆后,紧靠传爆药柱的主装药随之起爆。设 A_0 点为起爆中心,起爆将以球面波的形式向四周的炸药发展,侧向的炸药层很薄,爆轰将迅速结束,而沿轴向的爆轰波可以继续传播。因此,爆轰波将以球面波的形式接近顶部。经高速摄像证明,此球面波将一直维持到罩口部。

当球面爆轰波到达罩顶时,由于这部分罩面呈圆弧形或平面形,所以爆轰波向罩面垂直入射,即罩面与波阵面的夹角为 0°,当爆轰波继续前进时,情况则不同了,罩面与波阵面保持某一定角度 Φ,如图 7 - 14 所示。根据理论与试验结果表明,作用在冲击点 I 的压力与 Φ 有密切的关系,以 p_m 表示冲击点的压力,p_{CJ} 表示波阵面上的压力,p_m 与 Φ 近似地可用如下关系来加以描述。

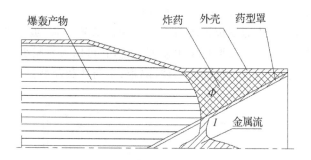

图 7 - 14　爆轰波冲击罩表面的情况

当所采用的药型罩材料为紫铜时,有

$$\left.\begin{array}{l} p_{\mathrm{m}} = p_{\mathrm{CJ}}(1.65 - 0.25 \times 10^{-2}\Phi) \quad , \quad 0 \leqslant \Phi \leqslant 55° \\[2mm] p_{\mathrm{m}} = p_{\mathrm{CJ}}[0.69 + 2.34 \times 10^{-2}(90° - \Phi)] \quad , \quad 55° \leqslant \Phi \leqslant 90° \end{array}\right\} \quad (7-1)$$

当所采用药型罩材料为铝时,有

$$\left.\begin{array}{l} p_{\mathrm{m}} = p_{\mathrm{CJ}}(1.28 - 0.15 \times 10^{-2}\Phi) \quad , \quad 0 \leqslant \Phi \leqslant 60° \\[2mm] p_{\mathrm{m}} = p_{\mathrm{CJ}}[0.61 + 1.93 \times 10^{-2}(90° - \Phi)] \quad , \quad 60° \leqslant \Phi \leqslant 90° \end{array}\right\} \quad (7-2)$$

式(7-1)和式(7-2)是对经过试验验证的理论计算结果的近似处理,理论计算是根据 JH - 2 炸药对半无限介质爆炸用特征线求出的,假定介质是半黏滞和传导的流体,其结果如图 7 - 15 所示,JH - 2 炸药的密度 $\rho = 1.72$ g/cm^3,$p_{\mathrm{CJ}} = 272$ kPa。

由式(7-1)和式(7-2)可知,Φ 越小时作用在冲击点 I 的压力越大。当 $\Phi = 0$ 时,对于紫铜药型罩,$p_{\mathrm{m}} = 450$ kPa(1.65 p_{CJ});对于铝药型罩,$p_{\mathrm{m}} = 347$ kPa(1.28 p_{CJ})。为了提高金属流的能量,显然是冲击点的压力越高越好。

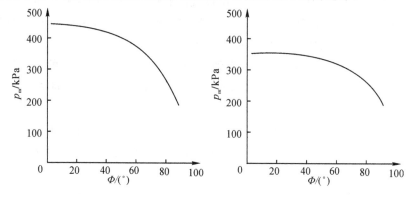

图 7 - 15　p_{m} 随 Φ 的变化曲线

为了减小波阵面与罩面的夹角 Φ，提高冲击点的压力，人们经过实践发明了一种新的结构，即在距起爆位置的前端一定距离放置隔板（波形调整器）。这种装药结构起爆以后，爆轰波形将发生显著变化，Φ 可以大大减小。图 7 - 16 所示为破甲战斗部的结构简图，包括副药柱、隔板、主药柱和药型罩。

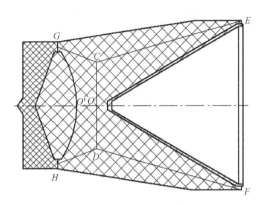

图 7 - 16 破甲战斗部结构简图

在装药起爆后，副药柱的冲击波绕过隔板起爆主药柱，忽略延滞期的影响，以 T_0 表示冲击波通过隔板到达 O 点所经过的时间；副药柱起爆后，爆轰波绕过隔板对称地向右传播，当爆轰波到达主、副药柱的分界面 GH 时引爆主药柱，以 t_0' 代表爆轰波通过副药柱到达 O' 点所经过的时间，t_0 代表爆轰波通过副药柱和由 O' 点到 O 点所经过的总时间。根据爆轰波和冲击波到达 O 点的先后，在主药柱中形成的爆轰波可分成以下 3 种形式。

（1）$t_0 \leqslant T_0$，即爆轰波先到达 O 点，或者爆轰波与冲击波同时到达 O 点。此时分界面 GH 以上的主药柱全部由爆轰波起爆，结果即药柱从分界面被环形起爆，在主药柱中形成喇叭形爆轰波。越过隔板的冲击波，在 O 点其阵面与爆轰波重合，有利于提高起爆能量，形式如图 7 - 17(a) 所示。

（2）$t_0' < T_0 < t_0$，即冲击波先到达 O 点。此时分界面以上的装药分别由爆轰波和冲击波同时起爆，结果在主药柱中形成 W 形的爆轰波，如图 7 - 17(b) 所示。

（3）$t_0' \geqslant T_0$，即冲击波远远超过爆轰波先到达分界面，此时主药柱完全由冲击波起爆，爆轰波的形式为一个球面波，与无隔板时的情况基本相同，如图 7 - 17(c) 所示。

在以上 3 种爆轰波分别接触罩面后，很明显第三种波形不利，因为 Φ 不能减小。第一种与第二种形式对破甲是有利的。

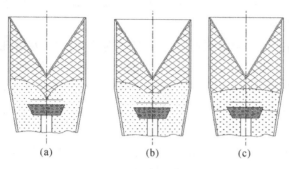

图 7-17　各种爆轰波形式

为了得到喇叭形或 W 形爆轰波,必须合理选择隔板的材料和形式尺寸。隔板材料不同,冲击波传播的规律也不同,试验表明惰性、低声速材料比金属、高声速材料更适合用于隔板。主要原因在于低声速材料传播冲击波的速度低,隔爆性能好。对于隔板尺寸,最重要的是直径和厚度,从保证副药柱可靠传爆的角度考虑,隔板周围与壳体之间的炸药层应保证足够的厚度,最小必须大于炸药传爆的临界直径。在隔板材料确定后,根据冲击波速度和 $t_0 \leqslant T_0$ 的条件,可以近似地确定隔板的厚度,然后结合试验效果进行完善。

7.1.4　金属射流的破甲机理和破甲深度计算

7.1.1~7.1.3 节主要介绍了聚能效应的一般概念、金属射流的形成机理等,本节将讨论金属射流的破甲作用。

1.金属射流破甲过程的基本现象

金属射流的特点是速度高、细长、温度较高,从头部到尾部具有递减的速度梯度,头部速度最高可达 7 000~8 500 m/s,这个速度超过了穿甲弹芯速度的 5~6 倍,金属射流在连续阶段的长度可达到药型罩母线长度的 5~6 倍(最长可达 8 倍),射流长度可达到射流直径的 200 倍,远远大于穿甲弹。显然金属射流的破甲过程属于超速冲击的范畴,与穿甲弹芯的侵彻过程不同。下面来讨论金属射流破甲时的基本现象。

金属射流在破甲侵彻的过程中逐渐损耗消失,从射流冲击靶板开坑开始,随着破甲过程的进展,射流逐渐丧失自身的能量,一部分附着于穿孔的表面,少部分从入口飞溅出去。在破甲过程结束后,金属射流将完全丧失原来的形态。当金属射流与靶板冲击时,由于接触面发生很高的压力,此压力随时间逐渐降低,

压力范围一般为 $10 \times 10^4 \sim 30 \times 10^4$ MPa。就紫铜射流侵彻均质钢板而言,绝大部分达到了熔化状态。

在靶板穿孔后,质量基本不会减轻,经过射流穿孔后,尽管孔道的容积不小,以 40 mm 破甲火箭弹对 100 mm 均质靶板(着角 65°)射击为例,穿孔容积达 160 cm³,折合质量约 1.2 kg 以上,但实际称量靶板的质量基本没有减少。因此可以判断射流穿孔的过程就是靶板金属向孔道侧面和出口方向流动,由入口和出口丧失的靶板金属极其有限。

靶板的穿孔孔道是圆锥形,入孔较大,出孔较小。图 7 - 18(a)所示为 40 mm 破甲火箭弹射击 100 mm 均质靶板(着角 65°)形成的穿孔,入口孔径是 70 mm×36 mm,出口孔径是 35 mm×23 mm;图 7 - 18(b)所示为 40 mm 破甲火箭弹对同种半无限靶板的静止穿孔,入口孔径为 Φ32 mm,终止为 Φ3 mm。图 7 - 18(a)(b)的孔型均为光滑的圆锥形。当战斗部的炸高增大时,由于射流各部分之间发生断裂,所以在破甲的最后阶段,往往于孔壁上会出现凹凸不平的小圆弧,穿孔表面不光滑,如图 7 - 18(c)所示。

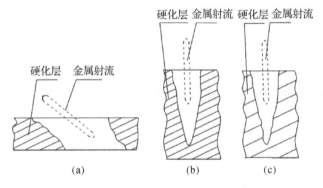

图 7 - 18　破甲战斗部(聚能药柱)穿孔形状

射流的破甲深度和孔径与靶板的强度有关。射流穿孔的孔径远远地大于射流相应部分断面直径。当射流垂直破甲时,入口孔径通常为射流直径的 5～7 倍,最大可能破甲深度为药型罩口部直径的 6～7 倍,目前最高可达 12 倍。同种射流的破甲深度和孔径取决于靶板的强度。同一种聚能装药对数种不同材料靶板的破甲结果见表 7 - 6。该装药的直径为 26 mm,炸药为聚黑-2,药型罩为圆锥形(40°,紫铜),罩壁厚为 0.8 mm,炸高为 60 mm。

表 7 - 6　同一种聚能装药对不同材料靶板的破甲数据

靶板材料	破甲深度/mm	入口孔径/mm	终止孔径/mm
合金钢	68.6	15	1.0

靶板材料	破甲深度/mm	入口孔径/mm	终止孔径/mm
中碳钢	86.2	18	2.0
低碳钢	95.0	19	2.0
紫铜	134.6	22	3.0
铅	137.4	23	3.5
铝	207.4	25	4

在金属射流破甲之后,孔道表面从入口到出口都附着了一层射流的金属。穿孔周围的靶材料由于经受了射流的强烈冲击,所以表面硬度普遍提高,在一定的深度内会形成硬化层,如图 7 - 18 所示。经过检测分析,孔道表面附着的紫铜,厚度约为 0.1 mm,有些紫铜还深入了孔道的裂纹内并夹杂了熔化的靶板材料,这表明局部的靶板曾达到了熔化状态。孔道硬化层厚度为 10 mm 左右,最大硬度为 56HRC(靶板原硬度为 50HRC)。

2.射流破甲过程的力学分析

射流破甲一般可分成以下 4 个过程,如图 7 - 19 所示。

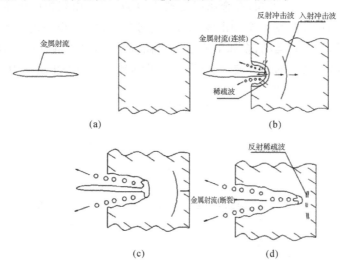

图 7 - 19　某战斗部破甲时形成的孔型

(a)射流沿炸高拉伸运动;(b)射流开始冲击靶板;(c)射流连续破甲;(d)射流非连续破甲

(1)射流沿炸高拉伸运动;

(2)射流开始冲击靶板;

(3)射流连续破甲;

（4）射流非连续破甲。

在第一个过程中，射流一方面对靶板做惯性运动，另一方面不断拉伸。在第二个过程中，射流以头部冲击靶板，分界面（接触点）的初始参数（包括压力、温度和速度）瞬时达到最大值。此时通过接触点向靶板中入射一个冲击波，同时向射流反射一个冲击波。射流的头部冲击靶板时堆积起来，一部分向入口方向飞溅，因此相应地沿堆积的金属向射流中又传播一个稀疏波，如图7-19（b）所示。

在射流头部冲击靶板以后，即第三个过程的开始，由于速度从头部至尾部逐渐下降，所以由第三个过程开始，接触点上的参数连续地下降，此时穿孔的表面是光滑的。

射流各部分在破甲之前一直向前拉伸，当破甲深度达到某一定值时，后续的金属流发生断裂，失去连续状态，断裂的金属流继续破甲就是第四个过程，此时穿孔的表面出现小圆弧，显得不光滑了。

在炸高比较短或者靶板比较薄的情况下，通常只有前面三个破甲过程，没有第四个过程，试验证明，当金属流的速度降到某一极限时，破甲过程将停止，分界面的运动速度等于0，该速度称为金属射流破甲的极限速度。

由 $t-x$ 图（见图7-20）表示金属射流的破甲过程较为清楚，其中 t 表示时间，x 表示长度。由图可知，在金属射流到达 O 点之后，由靶板中传播一个冲击波 OA，向金属射流反射一个冲击波 OC，同时分界面 OB 也以一定的速度向右运动。随着分界面向右运动，金属射流逐渐消耗，后续的射流继续拉伸，同时从分界面向右发出一系列的稀疏波，此过程一直继续到分界面停止运动为止。

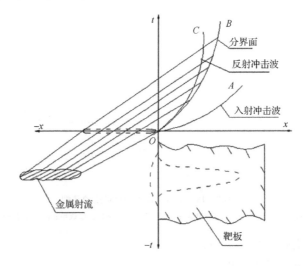

图7-20 破甲过程的 $t-x$ 图

金属射流的破甲过程按状态可分为连续破甲与非连续破甲两个过程,即以上的第三个和第四个过程。金属射流的破甲过程按对靶板加载的方式可分为冲击加载和连续卸载两个过程,前一个过程是射流头部突然冲击靶板,分界面上的压力、温度和速度突跃到最大值,后一个过程是分界面连续缓慢地卸载,分界面的压力、温度和速度缓慢下降。冲击加载和连续卸载如图 7 - 21 所示。

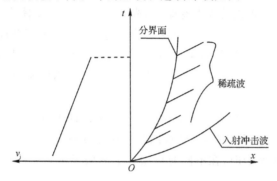

图 7 - 21　金属射流对靶板突然加载和连续卸载

金属射流的破甲过程按照靶板的强度可分为流体模型破甲与流体-弹塑性模型破甲两个过程,前者是指靶板的强度不起作用,金属射流与靶板都类似于流体。后者是指靶板的强度显示出自身的影响,不能作为流体考虑。从 40 mm 破甲火箭弹战斗部的试验数据分析,若破甲总深的 $15\%\sim20\%$ 符合流体模型破甲,即可以忽略靶板的强度;若破甲总深的 $80\%\sim85\%$ 不符合流体模型破甲,则不能忽略靶板的强度。两个过程的区分也可以金属射流的速度来判断,当金属流的速度 $v_j\geqslant4\ 500$ m/s 时,破甲过程基本符合流体模型;当 $v_j<4\ 500$ m/s 时,破甲过程不符合流体模型,如图 7 - 22 所示。

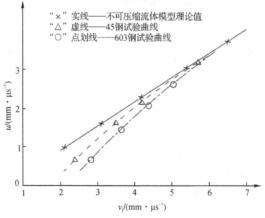

图 7 - 22　金属射流破甲速度与金属射流速度之间的关系

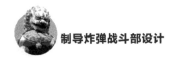

3.金属射流破甲的流体力学理论

前文提到:根据试验分析,金属射流的破甲过程一部分符合流体力学模型,大部分则不符合该模型,但为了简化处理,仍然采用流体力学理论对破甲过程进行分析。

将金属射流和靶板的强度忽略,均视为理想可压缩流体。金属射流本来处于热塑状态(温度高),强度是可以忽略的。同时将金属射流分成一系列的微元,取其中任一微元研究,这样对某一微元来说,各断面的速度和质量可以认为不随时间而变化。因此金属射流的破甲过程,就可以采用定常理想可压缩流体的原理。

如图 7-23 所示,取金属射流微元 i 与靶板的冲击点 O 为坐标原点,也就是固定 AB 面,从坐标原点看到:靶板以某一速度 u_t 向左运动,微元 i 以 $v_{ji} - u_t$ 向右运动。当 v_{ji} 为常数时,在不同时刻微元 i 的破甲过程是一样的,即满足定常流动的条件。

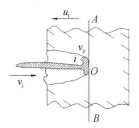

图 7-23   金属射流的某一破甲过程

根据流体力学理论,在 O 点以左,可得

$$p_1 + \frac{1}{\alpha_1}\rho_1 (v_{ji} - u_t)^2 = 常数$$

式中:p_1 为微元 i 的静压;ρ_1 为微元 i 冲击靶板前的密度;α_1 为微元 i 冲击靶板后密度变化的修正系数,或称为金属射流的压缩性系数。

同理,在 O 点以右,可得

$$p_2 + \frac{1}{\alpha_2}\rho_2 u_t^2 = 常数$$

式中:p_2 为靶板的静压;ρ_2 为靶板受冲击前的密度;α_2 为靶板冲击后密度变化的修正系数,或称为靶板的压缩性系数。

在分界面(冲击点)上流体的压力应该相等,即

$$p_1 + \frac{1}{\alpha_1}\rho_1 (v_{ji} - u_t)^2 = p_2 + \frac{1}{\alpha_2}\rho_2 u_t^2$$

根据假定,微元 i 与靶板都是流体,两者在接触以前都膨胀到极限状态,p_1 与 p_2 均与大气压平衡,因此忽略 p_1 与 p_2,此时可得

$$\frac{1}{\alpha_1}\rho_1 (v_{ji} - u_t)^2 = \frac{1}{\alpha_2}\rho_2 u_t^2 \qquad (7-3)$$

变换以后,可得

$$\frac{u_t}{v_{ji} - u_t} = \sqrt{\frac{\rho_1 \alpha_2}{\rho_2 \alpha_1}} \qquad (7-4)$$

令 L_i 为微元 i 的破甲深度,t 为微元 i 的破甲时间,l_i 为微元 i 破甲以前的长度,显然可得

$$L_i = \int u_t \mathrm{d}t$$

而

$$\mathrm{d}t = \frac{\mathrm{d}l_i}{v_{ji} - u_t}$$

故

$$L_i = \int_0^{l_i} \frac{u_t}{v_{ji} - u_t}\mathrm{d}l_i$$

$$L_i = \frac{u_t}{v_{ji} - u_t}l_i \qquad (7-5)$$

将式(7-4)代入式(7-5),可得

$$L_i = l_i \sqrt{\frac{\alpha_2 \rho_1}{\alpha_1 \rho_2}} \qquad (7-6)$$

由式(7-6)可知,微元 i 的破甲深度取决于本身的长度与 ρ_1、ρ_2、α_1、α_2 诸因素。对于一定材料的药型罩与靶板,ρ_1、ρ_2、α_1、α_2 为定值,因此破甲深度主要取决于破甲前微元 i 本身的长度。微元 i 的破甲深度与其速度无关,初看起来似乎奇怪,但实际上,这是由于忽略了靶板的强度,金属射流微元在任何速度下都有能力破甲。

当金属射流微元冲击靶板时,设冲击点的压力为 p,则有

$$p = \frac{\rho_1}{\alpha_1}(v_{ji} - u_t) = \frac{\rho_1}{\alpha_1}v_{ji}^2 \left(1 - \frac{u_t}{v_{ji}}\right)^2$$

按式(7-4),有

$$u_t = v_{ji} \frac{1}{1 + \sqrt{\dfrac{\alpha_1 \rho_2}{\alpha_2 \rho_1}}}$$

以此代入上式,化简可得

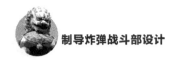

$$p = \frac{\rho_2 v_{ji}{}^2}{\left(\sqrt{\alpha_2} + \sqrt{\dfrac{l_i \rho_2}{\rho_1}}\right)^2} = \frac{\rho_1 v_{ji}{}^2}{\left(\sqrt{\alpha_1} + \sqrt{\dfrac{\alpha_2 \rho_1}{\rho_2}}\right)^2} \tag{7-7}$$

由式(7-7)可知,当金属射流冲击靶板时,冲击点的压力 p 主要是与金属射流的速度有关,此外还与靶板、金属射流本身的密度及可压缩性有关,各种锥角紫铜罩所形成的金属射流头部冲击装甲钢时的最大压力见表7-7(估算值)。

表7-7　各种锥角紫铜罩金属射流头部冲击装甲钢板时的压力

药型罩锥角/(°)	$v_j / (m \cdot s^{-1})$	p / MPa
30	7 800	3×10^7
40	7 000	2.6×10^7
50	6 200	2.2×10^7
60	6 100	2.1×10^7
70	5 700	1.9×10^7

在上述分析中,把金属射流和靶板当作流体处理,这是不符合实际情况的,特别是当金属射流速度下降到 4 500 m/s 以下时将会相差得更远,为此,在式(7-3)的右边引入一个修正系数 σ,或称强度系数。由此可得

$$\frac{1}{\alpha_1} \rho_1 (v_{ji} - u_t)^2 = \frac{1}{\alpha_2} \rho_2 u_t^2 + \sigma \tag{7-8}$$

σ 的物理意义是:金属射流和靶板都是流体,而且认为金属射流在到达靶板之前膨胀到极限状态,但是靶板在受到金属射流的冲击之前,并没有膨胀到极限状态,即靶板还有内能。σ 的单位为 MPa。

现在将式(7-7)代入式(7-8),可得

$$\frac{u_t}{v_{ji}} = \sqrt{\frac{1}{\left(1 + \dfrac{\alpha_1 \rho_2}{\alpha_2 \rho_1}\right)^2} - \frac{\alpha_2 \sigma}{\rho_2 v_{ji}{}^2}} \tag{7-9}$$

根据式(7-5),有

$$L_i = l_i \frac{u_t / v_{ji}}{1 - u_t / v_{ji}}$$

将式(7-9)代入上式,则得

$$L_i = l_i \sqrt{\frac{\alpha_2 \rho_1}{\alpha_1 \rho_2}} \ \frac{\sqrt{\dfrac{\alpha_1 \rho_2}{\alpha_2 \rho_1}} \sqrt{1 - \dfrac{\alpha_2 \sigma}{\rho_2 v_{ji}{}^2} \left(1 + \dfrac{\alpha_1 \rho_2}{\alpha_2 \rho_1}\right)^2}}{1 + \sqrt{\dfrac{\alpha_1 \rho_2}{\alpha_2 \rho_1}} - \sqrt{1 - \dfrac{\alpha_2 \sigma}{\rho_2 v_{ji}{}^2} \left(1 + \dfrac{\alpha_1 \rho_2}{\alpha_2 \rho_1}\right)^2}} \tag{7-10}$$

将式(7-10)分母中的项

$$\sqrt{1-\frac{\alpha_2\sigma}{\rho_2 v_{ji}^2}\left(1+\frac{\alpha_1\rho_2}{\alpha_2\rho_1}\right)^2}$$

化为

$$\sqrt{1-\frac{\alpha_2\sigma}{\rho_1 v_{ji}^2}\left(1+\frac{\alpha_2\rho_1}{\alpha_1\rho_2}\right)^2}$$

则式(7-10)变为

$$L_i=l_i\sqrt{\frac{\alpha_2\rho_1}{\alpha_1\rho_2}}\ \frac{\sqrt{\frac{\alpha_1\rho_2}{\alpha_2\rho_1}}\sqrt{1-\frac{\alpha_2\sigma}{\rho_2 v_{ji}^2}\left(1+\frac{\alpha_1\rho_2}{\alpha_2\rho_1}\right)^2}}{1+\sqrt{\frac{\alpha_1\rho_2}{\alpha_2\rho_1}}-\sqrt{1-\frac{\alpha_2\sigma}{\rho_1 v_{ji}^2}\left(1+\frac{\alpha_2\rho_1}{\alpha_1\rho_2}\right)^2}} \qquad (7-11)$$

当金属射流速度很高时，$\dfrac{\alpha_2\sigma}{\rho_1 v_{ji}^2}\left(1+\dfrac{\alpha_2\rho_1}{\alpha_1\rho_2}\right)^2\ll 1$，可取

$$1-\sqrt{1-\frac{\alpha_2\sigma}{\rho_2 v_{ji}^2}\left(1+\frac{\alpha_1\rho_2}{\alpha_2\rho_1}\right)^2}=0$$

则式(7-11)近似可化为

$$L_i=l_i\sqrt{\frac{\alpha_2\rho_1}{\alpha_1\rho_2}}\ \sqrt{1-\frac{\alpha_2\sigma}{\rho_2 v_{ji}^2}\left(1+\frac{\alpha_1\rho_2}{\alpha_2\rho_1}\right)^2} \qquad (7-12)$$

将式(7-12)按幂级数展开，忽略二次以上各项，可得

$$L_i=l_i\sqrt{\frac{\alpha_2\rho_1}{\alpha_1\rho_2}}\ \sqrt{\left[1-\frac{\alpha_2\sigma}{2\rho_2 v_{ji}^2}\left(1+\frac{\alpha_1\rho_2}{\alpha_2\rho_1}\right)^2\right]} \qquad (7-13)$$

令

$$l_2=\frac{\alpha_2}{2\rho_2 v_{ji}^2}\left(1+\frac{\alpha_1\rho_2}{\alpha_2\rho_1}\right)^2$$

将 l_2 代入式(7-10)、式(7-12)和式(7-13)，可得

$$L_i=l_i\sqrt{\frac{\alpha_2\rho_1}{\alpha_1\rho_2}}\ \frac{\sqrt{\frac{\alpha_1\rho_2}{\alpha_2\rho_1}}\sqrt{1-2l_2\sigma}}{1+\sqrt{\frac{\alpha_1\rho_2}{\alpha_2\rho_1}}-\sqrt{1-2l_2\sigma}} \qquad (7-14)$$

$$L_i=l_i\sqrt{\frac{\alpha_2\rho_1}{\alpha_1\rho_2}}\ \sqrt{1-2l_2\sigma} \qquad (7-15)$$

$$L_i=l_i\sqrt{\frac{\alpha_2\rho_1}{\alpha_1\rho_2}}\ \sqrt{1-l_2\sigma} \qquad (7-16)$$

比较可知，当 $l_2\sigma=0$ 时，则式(7-14)～式(7-16)与式(7-6)得到相同的结果。当需要进行精确计算时，可采用式(7-14)。一般计算的话，采用式(7-15)

或者式(7-16)就可以。

以 L_j 表示金属流的总破甲深度,则

$$L_j = \sum_{i=1}^{i} L_i$$

4.金属射流沿炸高运动及其破甲深度计算

金属射流形成后,在空气中做惯性运动。由于运行距离不远,所以可以忽略空气阻力。金属射流从头部到尾部具有速度梯度,金属射流将连续地延伸,直到全部耗尽。在金属射流延伸至某一长度后,由连续状态改为不连续状态,断裂为高速运动的金属颗粒。

当金属射流最初形成时,其在整个长度上的速度分布可以分为两种情况,第一种是理想的线性分布,如图7-24所示;第二种是任意的非线性分布,如图7-25所示。图中,v_{jm} 为金属射流头部速度,v_k 为金属射流极限速度,v_{jmin} 为金属射流尾部速度,$l_{0e}(=x_m-x_0)$ 为金属射流的初始长度。

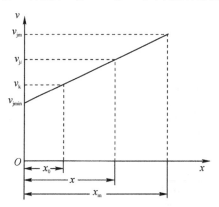

图7-24 金属射流的线性分布

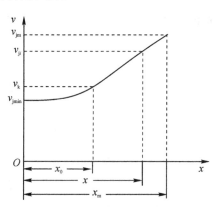

图7-25 金属射流的速度的曲线分布

设 v_{ji} 表示金属射流任一断面 X 的速度,在第一种情况下,金属射流的运动方程将为一个一次方程,即

$$v_{ji} = v_k + m(x - x_0) \tag{7-17}$$

式中:m 为直线的斜率,且

$$m = \tan\alpha = \frac{v_{jm} - v_k}{x_m - x_0}$$

在第二种情况下,金属射流的速度分布为一曲线,其运动方程为一个二次方程,即

$$v_{ji} = a + bx + cx^2 \tag{7-18}$$

式中：a、b、c 为待定系数。

假设金属射流运动至靶板时的总长度为 l，所经过的时间间隔为 t，金属射流速度沿长度为线性分布，则

$$l = l_{0e} + (v_j - v_k)t \tag{7-19}$$

现在根据图 7-26 分析金属射流微元 i 着靶前的长度。图中 F 是静炸高，$\sum L_i$ 是微元 i 以前所有金属射流微元 i 的破甲深度之和。金属射流速度为线性分布。

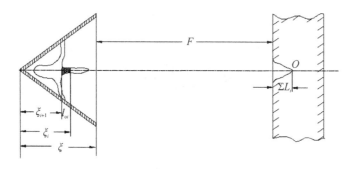

图 7-26　金属射流延伸与破甲情况

设微元 l_{0i} 从其形成位置运动到 O 点所经过的距离为 D_i，可知

$$D_i = (h - \xi_i) + F + \sum L_i \tag{7-20}$$

式中：h 为药型罩的高度；ξ_i 为微元 i 头部至罩顶的距离；ξ_{i+1} 为微元 i 尾部至罩顶的距离。

微元 i 头部经过距离 D_i 所需的时间为

$$t_{D_i} = \frac{D_i}{v_{ji}} = \frac{h - \xi_i + F + \sum L_i}{v_{ji}} \tag{7-21}$$

在此时间内，微元 i 长度的增量为 $(v_{ji} - v_{ji+1})t_{D_i}$。设微元 i 破甲前的长度为 l_i，则

$$l_i = l_{0i} + \left(\frac{v_{ji} - v_{ji+1}}{v_{ji}}\right)\left(h - \xi_i + F + \sum L_i\right) \tag{7-22}$$

将 l_i 代入式(7-14)~式(7-16)中任一式，即可求出微元 i 的破甲深度。

由图 7-26 可知，在一定的炸高条件下，当 $\sum L_i$ 达到某一定值后，接踵而来的金属射流微元由于过分延伸，将开始失去连续状态。按照前面的介绍可知，当金属射流不连续时，则 $\gamma < 1$ 或 $\rho_1/\alpha_1 < \rho$，下述给出计算 γ 的方法。

当金属射流延伸时长度增大，直径相应地缩小，以 l_{ci} 来表示金属射流失去

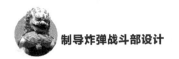
连续状态时的临界长度，R_{ci} 表示相应的临界半径。在金属射流长度超过 l_{ci} 之后，即断裂为高速粒子，如图 7-27 所示。取 $l_{ci}=\lambda l_{0i}$，λ 称为金属射流的延伸系数。根据试验分析，对于紫铜罩取 $\lambda=5\sim 6$。

由于 $M_{ji}=\pi R_{ci}^{2}\rho\lambda l_{0i}$，则有

$$R_{ci}=\sqrt{\dfrac{M_{ji}}{\pi\rho\lambda l_{0i}}}$$

由 $M_{ji}=\dfrac{M_i}{2}(1-\cos\beta_i)=M_i\sin^2\dfrac{\beta_i}{2}$，有

$$M_{ji}=M_i\sin^2\dfrac{\beta_i}{2}$$

代入可得

$$R_{ci}=\sqrt{\dfrac{M_i}{\pi\rho\lambda l_{0i}}}\sin\dfrac{\beta_i}{2} \tag{7-23}$$

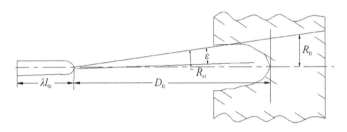

图 7-27　金属射流断裂及其以后的运动

在金属射流断裂为高速粒子后，粒子之间的距离不断增大，同时这些粒子将偏离轴线，距离逐渐增大（见图 7-27）。以 l_i 和 R_{fi} 表示微元断裂后直到冲击靶板前的长度和半径，则

$$\pi R_{ci}^{2}\rho\lambda l_{0i}=\pi R_{fi}^{2}l_i\gamma\rho$$

由此可得

$$\gamma=\left(\dfrac{R_{ci}}{R_{fi}}\right)^2\dfrac{\lambda l_{0i}}{l_i} \tag{7-24}$$

由式（7-24）可知，要求出 γ，必须先求 R_{fi}，式中其他各值可由前面的关系式求出或者选定，以下来求 R_{fi}。

设 F_i 表示药型罩底部至断裂点的距离，微元 i 形成后运动到断裂点所需的时间为

$$t_{fi}=\dfrac{F_i+(h-\zeta_i)}{v_{ji}}$$

微元 i 延伸到断裂开始时,其长度的增量为

$$\lambda l_{0i} - l_{0i} = l_{0i}(\lambda - 1) = (v_{ji} - v_{ji+1}) t_{fi}$$

将 t_{fi} 代入此式,则有

$$F_i + (h - \xi_i) = \frac{v_{ji}}{v_{ji} - v_{ji+1}} (\lambda - 1) l_{0i}$$

金属射流微元 i 由断裂点运动到靶前的行程为

$$D_{fi} = F - F_i + \sum L_i$$

由式(7 - 20)可得

$$F + \sum L_i = \frac{(l_i - l_{0i}) v_{ji}}{v_{ji} - v_{ji+1}} - (h - \xi_i)$$

故

$$D_{fi} = \frac{(l_i - l_{0i}) v_{ji}}{v_{ji} - v_{ji+1}} - \frac{v_{ji}}{v_{ji} - v_{ji+1}} (\lambda - 1) l_{0i} = \frac{v_{ji}}{v_{ji+1} - v_{ji}} [(l_i - l_{0i}) - (\lambda - 1) l_{0i}]$$

最后

$$D_{fi} = \frac{v_{ji} l_{0i}}{v_{ji} - v_{ji+1}} \left(\frac{l_i}{l_{0i}} - \lambda \right) \tag{7 - 25}$$

为了简化问题起见,假定金属射流断裂后,其散布半径按照线性规律随距离增大,从断裂点开始,高速粒子形成一个 2ε 的圆锥角,此角称为金属射流分散角,参考图 7 - 27。则有

$$R_{fi} = R_{ci} + D_{fi} \tan\varepsilon \tag{7 - 26}$$

将式(7 - 25)代入式(7 - 26),则

$$R_{fi} = R_{ci} + \frac{v_{ji} l_{0i}}{v_{ji} - v_{ji+1}} \left(\frac{l_i}{l_{0i}} - \lambda \right) \tan\varepsilon \tag{7 - 27}$$

$$L_i = l_i \sqrt{\frac{\gamma\rho}{\rho_2}} \frac{\sqrt{\frac{\rho_2}{\gamma\rho}} \sqrt{1 - 2l_2\sigma}}{1 + \sqrt{\frac{\rho_2}{\gamma\rho}} - \sqrt{1 - 2l_2\sigma}} \tag{7 - 28}$$

$$L_i = l_i \sqrt{\frac{\gamma\rho}{\rho_2}} \sqrt{1 - 2l_2\sigma} \tag{7 - 29}$$

$$L_i = l_i \sqrt{\frac{\gamma\rho}{\rho_2}} \sqrt{1 - l_2\sigma} \tag{7 - 30}$$

根据理论计算与试验结果比较,ε 与 F 符合表 7 - 8 中的关系,F 代表炸高。根据炸高 F 由表 7 - 8 查出相应的 ε ,即由式(7 - 27)可以求出 R_{fi} ,然后采用式(7 - 24)计算 γ ,有了 γ 和 l_i ,由式(7 - 28)～式(7 - 30)中任一式即可求出微元 i

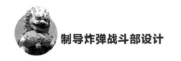

的破甲深度。

表 7 - 8 ε 与 F 的关系

F/cm	1.00	2.54	5.08	7.62	10.16	12.70	15.24	17.78	20.32	22.86	25.40
ε/(°)	0.00	0.02	0.06	0.10	0.14	0.18	0.21	0.23	0.25	0.27	0.29

在计算破甲深度的过程中应注意以下事项：

(1)必须将速度最大的金属射流微元当作一个微元；

(2)当微元由连续状态转为非连续状态时,采用的破甲深度公式必须考虑金属射流密度的变化。

7.1.5 影响破甲威力的因素

聚能破甲战斗部的作战目标主要是战场中高价值的主战坦克。当战斗部作用时,除了需要满足一定的破甲深度外,还要求战斗部产生的射流具有一定的后效作用,能够对坦克内的结构、设备及人员产生杀伤作用,对坦克作战力实现彻底摧毁。因此,要求设计的战斗部产生的射流稳定性良好,抗各种干扰能力强,而射流的性能与战斗部的装药结构、药形罩结构、隔板结构、壳体结构、战斗部的旋转运动等有着密不可分的关系,在进行聚能破甲战斗部设计时,需要进行综合考虑。

1.装药结构设计

聚能破甲战斗部的装药结构一般有圆柱形和圆柱与圆锥组合形(收敛形),形状的选择应与全弹外形、威力要求相匹配。战斗部装药结构设计主要涉及炸药选择、药柱结构、药柱尺寸等。

(1)炸药选择。聚能破甲战斗部通过空心装药爆炸产生的聚能效应压垮药型罩,从而形成高速的金属射流来击穿装甲,炸药装药是射流成型的能量来源,因此装药结构设计的合理性与否以及炸药性能的好坏将直接影响破甲战斗部的破甲能力。研究表明,破甲战斗部的破甲深度与炸药的爆速、爆压、爆热和装填密度等存在密不可分的关系,则有

$$\frac{L_p}{d_k} = a p \sqrt{\rho Q} + b \tag{7-31}$$

式中：L_p 为破甲深度；d_k 为药型罩口部内径；a、b 为与装药结构相关的经验常数；p 为爆压；ρ 为炸药装药密度；Q 为爆热。

由式(7-31)可知,战斗部破甲深度与爆压成正比关系,与密度、爆热成幂函数关系。因此,在破甲战斗部的设计过程中,应该选用具有高爆速、高爆压、高密

度、高能量性能的炸药,同时考虑弹药生产、使用环境,选用的炸药还应具有足够的机械强度和许用应力,具有较好的安定性、低易损性、相容性及工艺性。聚能破甲战斗部常用炸药见表 7－9。

表 7－9　聚能破甲战斗部常用的炸药

炸药名称	装填密度/(g·cm⁻³)	爆速/(m·s⁻¹)	爆压/MPa	装填方法
梯黑 50/50	1.690	7 600	—	注装
梯黑 40/60	1.726	7 888	27 690	注装
钝化黑索金	1.670	8 498	26 960	压装
LX－14	1.835	8 830	35 000	压装

（2）药柱结构及尺寸。

1）主药柱结构及尺寸。主药柱的直径直接关系着战斗部的破甲深度,在一定程度上,随着主药柱直径的增加,战斗部的破甲深度和孔径也随着增加,提高装药直径是提高破甲深度最有效的措施。但是,装药直径受弹径的限制,往往在实际设计中,装药直径的可变性不大。主药柱长度的增加同样有利于破甲深度的提高,但是,在达到一定长度后,用以压垮药型罩形成稳定射流的那部分装药将不再发生变化,即达到了最大"有效装药",破甲深度的提高已不明显,研究表明,当长径比大于 2.25 时,增加药柱长度,破甲深度将不再增加。主药柱口部厚度对聚能破甲战斗部的破甲深度存在一定的影响,在战斗部的直径确定后,增加药型罩的口径,使药型罩的口径尽可能接近或者等于装药直径,将有利于破甲深度的提高。设计人员在进行战斗部设计时,往往要对药型罩口径与装药直径的比值进行优化调整,选用注装炸药时,比值应取稍微偏小值;选用带罩压药时,药柱直径应略大于药型罩口部直径;选用不带罩压药时,主药柱口部厚度应适当增加,防止主药柱掉边。

为了提高战斗部的破甲深度,同时减少装药量,降低弹重,有时须设计超口径战斗部,即存在收敛角,收敛角一般取 10°～12°,但在收敛时,应该保证足够的有效装药长度,即装药圆柱段不能太短。

药型罩顶部药厚一般根据经验公式设计,即

$$S = \gamma d_k \tag{7－32}$$

式中:γ 为与锥角有关的系数,按表 7－10 选取。

表 7－10　与锥角有关系数

$2\alpha/(°)$	40	50	60	70
γ	0.2	0.21	0.22	0.23

主药柱小端直径的设计应充分考虑爆轰波的传播、装药工艺性及发射安全

性等要求。在隔板尺寸确定后,隔板边缘的药厚不能太薄,以防止药柱掉边。

2)副药柱结构及尺寸。副药柱结构及尺寸的设计应充分考虑与主药柱、隔板、传爆药柱等的协调,确保炸药稳定爆轰。副药柱的隔板窝应与隔板具有较好的配合,并存在一定的间隙,防止隔板受力破坏,同时防止由制造误差带来的匹配不吻合,在发射时造成副药柱破坏。与主药柱设计类似,在隔板周向的药厚不能太薄,防止药柱掉边。设计时,副药柱的装药密度一般应略低于或等于主药柱的密度,充分与引信的起爆能量相协调,用以提高传爆序列的可靠性和战斗部破甲威力的稳定性。

2.药型罩设计

药型罩是破甲战斗部形成射流的基体,是破甲战斗部的核心零件,药型罩设计的好坏直接决定着战斗部的威力。药型罩设计主要包括药型罩形状选择、材料选择、锥角设计、壁厚设计、顶部形状设计等,同时选择合适的加工工艺。

(1)药型罩形状。药型罩的形状包括半球形、郁金香形、单锥形、双锥形、喇叭形等。药型罩的母线越长,其形成的射流越长,破甲威力越强。半球形药型罩形成的射流头部速度低,射流延伸率低,破甲威力较弱;郁金香形药型罩的炸药能力利用率高,射流形成的孔径大,适合大炸高情况;单锥形药型罩结构简单,便于加工,破甲性能稳定,被广泛应用;双锥形药型罩可以提高药型罩顶部的利用率,产生的射流头部速度高,能有效提高破甲深度,但加工工艺较为复杂;喇叭形药型罩的抗旋性能、破甲性能更优,但由于其加工难度大,工程应用较少。

(2)药型罩材料。药型罩的材料应选用塑性好、密度大、形成射流过程中不易汽化的材料,以便形成粗重、稳定、断裂时间长的射流。传统的药型罩材料主要包括紫铜、生铁、铝合金等,紫铜凭借其高密度、高塑性、高经济性而被广泛应用。随着破甲能力要求的不断提高,钨、镍、钼、贫铀等大密度金属材料也被列入药型罩的选材当中。

(3)药型罩锥角。药型罩的锥角对射流的形成和破甲深度均有重要的影响。对于锥角较小的药型罩,其形成的射流头部速度高,速度梯度大,破甲深度高,但质量小,抗干扰能力也差,容易导致射流断裂,稳定性较差,后效差。锥角较大则相反。

单锥药型罩的锥角一般在 35°~65°范围内选取,中、小口径破甲战斗部以选用 35°~45°为宜,中、大口径破甲战斗部以选用 45°~65°为宜,对于有/无隔板结构药型罩锥角的选择,一般有隔板结构比无隔板结构选取的锥角大。对于双锥药型罩小锥的锥角,无隔板结构时,以选用 27°~35°为宜,有隔板结构时,以选用 40°左右为宜;对于双锥药型罩大锥的锥角,以选取 55°~65°为宜。两锥角的锥高比视不同的装甲结构而定,一般在 0.5～1 范围内选取。当药型罩的锥角大于 70°时,金属射流破甲深度降低,但是稳定度好。当药型罩的锥角大于 90°时,药型罩在变形过程中发生翻转,形成 EFP,射流形成的孔径大,对炸高不敏感,但破甲深度低,用来对付轻型装甲具有很好的效果。

(4)药型罩壁厚。药型罩壁厚的设计须综合考虑药型罩的材料、锥角、口径以及战斗部壳体厚度,可根据仿真结果结合试验结果来确定药型罩的最佳壁厚。一般来说,药型罩最佳壁厚的选取应随药型罩材料密度的减小、锥角的增加、口径的增加及战斗部壳体厚度的增加做出相应的增加。根据以往设计经验,最佳壁厚按 $b = (0.02 \sim 0.04) d_k$ 选取,对于常用的中、大口径紫铜罩,厚度一般不小于 2 mm。

当设计人员进行药型罩设计时,通常需要采用变壁厚药型罩,顶部薄、口部厚,能够提高射流的速度梯度,使射流充分被拉长,以达到提高破甲深度的效果。通常将单位母线长度上的壁厚差称为壁厚变化率 Δ,当药型罩锥顶角为 35°～45°时,Δ 取值应小于 1%;当药型罩锥顶角为 50°～70°时,Δ 取值应在 1.1%～1.2%之间。值得注意的是,在大炸高情况下,不宜采用变壁厚设计,因为速度梯度大的射流容易被拉断,从而可能导致破甲深度降低。

(5)药型罩顶部形状。对于药型罩的顶部形状,冲压罩一般为圆弧形,旋压罩一般为平顶形或带小圆柱。根据相关设计经验,罩顶圆弧半径按(0.1～0.15) d_k 选取。

3.隔板设计

在装药结构中增加隔板,可以改变爆轰波的形状,控制爆轰波的传播方向和传播时间,增大爆轰波对药型罩的压力,提高金属射流的速度梯度,提高炸药能量的利用率,从而起到提高破甲深度的作用。增加隔板与不加隔板相比,其破甲深度可提高 15%～30%。其缺点是增加隔板将降低破甲的稳定性,增加工艺复杂性。对于锥角小于 40°的药型罩,不应设计隔板,否则将会造成破甲不稳定。

(1)隔板材料的确定。隔板的材料会对爆轰波的隔爆效果及爆轰波形状产生影响,因此隔板的选材也非常重要。隔板的材料一般选取低声速、低密度、隔爆效果好、具有足够的强度和韧性、内外相容性好的材料,如厚纸板、聚苯乙烯泡沫塑料、FS-501 压塑料、FS-501 酚醛塑料、石墨等。除上述材料外,有时采用低速炸药形成的活性隔板,例如 TNT/Ba(NO₃)₂、TNT/PVAC95/5 等,采用活性隔板可增加爆轰波的稳定性和金属射流的稳定性。

(2)隔板形状的确定。隔板的形状一般包括圆柱形、圆台形、球缺形和各种组合形等。应根据与弹总体结构相匹配和能形成良好爆轰波的原则选择合适的

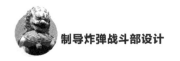

隔板形状。

（3）隔板尺寸的确定。隔板尺寸的设计决定着隔板是否能发挥良好的效果。隔板的厚度与材料的隔爆速度、起爆药柱的种类和能量、隔板的直径有关，对于塑料类隔板，其厚度取隔板直径的 0.3～0.5，对于小锥角药型罩取偏小值，大锥角药型罩取偏大值。隔板的直径应满足投影到药型罩上能覆盖母线长度的 2/3 的设计原则。

4. 炸高选择

炸高即在战斗部爆炸瞬间，聚能装药药型罩口部端面至战斗部顶端（或目标表面）的距离。对于每一个给定的破甲战斗部而言，都有一个相应的可使破甲深度达到最大的炸高，也就是所谓的最有利炸高。最有利炸高与药型罩的锥角、材料、壁厚、炸药的性能以及装药结构有关，实际上，最有利炸高往往都是一个区间，在工程上，一般为了减小消极质量，往往都是选择最有利炸高的小值。炸高对破甲威力的影响是两方面的，一方面，炸高的增加使射流充分拉伸，从而提高了破甲深度；另一方面，随着炸高的增加，射流会产生径向分散和摆动，延伸到一定程度后可发生断裂，导致破甲深度降低。对于锥形紫铜药型罩，最有利炸高一般为 2～5 倍罩底直径。有利静炸高也可以通过下式求得：

$$H_y = K_1 K_2 K_3 d_k \tag{7-33}$$

式中：K_1 为与罩锥角相关的系数，可按表 7-11 选取；K_2 为与射流侵彻目标介质临界速度有关的系数，对于装甲钢靶，K_2 取 1，对于 45 号钢靶，K_2 取 1.1；K_3 为与炸药的爆速有关的系数，$K_3 = \left(\dfrac{D_e}{8\,300} \right)^2$。

表 7-11 α 与 K_1 系数关系

$2\alpha/(°)$	40	50	60	70
K_1	1.9（最理想炸高取 3.5）	2.05	2.15（最理想炸高取 3.8）	2.2

7.1.6 聚能破甲战斗部的结构设计

聚能破甲战斗部的结构设计是在静破甲威力达到设计指标的基础上进行的，结构设计的主要任务如下：

（1）从结构上将聚能装药可靠地安装于壳体中，并与风帽组件、引信等连接构成完整的战斗部系统，以保证弹着靶时稳定地产生金属射流；

（2）从结构上保证获得最佳炸高，而且应具有良好的气动外形，并能承受发射载荷与飞行载荷；

（3）与其他部件相连接的结构应简单可靠，各零部件装配应符合成批生产的互换性要求。

弹体结构设计的主要内容包括风帽组件设计、壳体设计和尺寸链计算等。

反装甲弹药的聚能战斗部的典型弹体结构形式有以下两种。

（1）图 7-28 所示为不带隔板的聚能破甲战斗部的结构，其上配有截卵形风帽和电容引信。这种弹体的结构特点是：壳体采用铝合金制造，风帽组件则由双层铝合金薄壳组成。当战斗部碰击目标时，处于碰击点的双薄层被压合而构成短路，由此电容引信中的电路接通，使电容放电起爆电雷管，从而引爆装药。

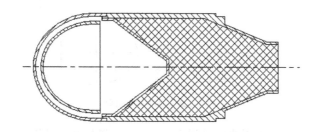

图 7-28　聚能破甲战斗部的典型弹体结构

（2）带隔板的聚能破甲战斗部，其弹体上配有锥形风帽和压电引信。其结构特点是：风帽上有加强筋以增加刚度，在风帽最前端还装有防滑帽；风帽、壳体皆采用高强度的塑料制成。这种弹体结构的缺点是：多个压电晶体沿风帽大端圆柱部位作环向分布，使连接处的结构过于复杂。

1.风帽组件设计

风帽的作用是赋予炸高、连接引信、固定引信，并保证全弹有良好的气动外形和正确的着靶姿态。因此在进行风帽组件设计时需要考虑以下事项。

（1）选定风帽长度时，应保证所要求的炸高。

（2）在引信最大发火角（即最大着角）的条件下，选定的风帽锥角应保证战斗部壳体不与靶板相碰。

（3）风帽的强度与刚度应能保证着靶时正常的破坏顺序，即头部应首先破坏，不允许与壳体的连接部分先行破坏。

（4）当风帽兼作引信的性能元件时，应满足引信的有关要求。例如采用电容引信时，作为碰合开关的风帽组件内、外壳，平时两者应绝缘、不相连通；当碰触目标时，应确保两者可靠、迅速地接通。采用压电引信时，若晶体安置于风帽头部，则应保证晶体的正确受力位置；若晶体位于风帽的底端，则应力波应能正确

地传递到晶体处。

(5)风帽应具有良好的气动外形,以满足弹的飞行性能要求。

(6)为提高聚能破甲战斗部的穿透率,风帽头部可采用防滑装置。

导弹的导引头位于弹体最前端,风帽仅仅作为连接的结构件,并不具有上述的某些功能。

(1)风帽外形的确定。常用的风帽形状有锥形、瓶形和圆弧形(见图7-29)。

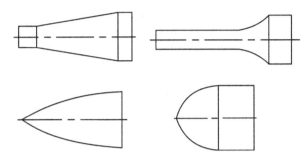

图 7-29 各种风帽形状

对于飞行速度低于声速的反坦克导弹、火箭弹与航空破甲子弹来说,风帽外形对射程影响不大,通常可根据弹的飞行稳定性要求与配用引信类型来确定风帽形状。风洞试验表明,采用瓶形风帽的弹,其飞行稳定性较好。采用压电引信时,宜采用锥形或者瓶形风帽,以确保晶体的正确受力,并可靠地产生脉冲电压;采用电容引信时,宜采用圆弧形或组合形风帽,以保证在各种着靶姿态时双层壳体能及时碰合而接通电路。

对于超声速或跨声速的反坦克导弹与火箭弹来说,由于飞行阻力已成为考虑选择风帽外形的主要因素,故宜采用飞行阻力小的流线外形,而且不允许在风帽与壳体连接处留有台肩。

(2)风帽尺寸的确定。

1)风帽长度应保证选定的炸高,其值可用下式计算,即

$$H_S = H_F + Kv_c(t_1 + t_2) \times 10^{-3} \tag{7-34}$$

式中:H_S 为风帽长,mm;H_F 为炸高,mm;v_c 为着靶速度,m/s;K 为战斗部着靶时头部变形速度与着靶速度的比值,试验统计数据表明,钢质风帽对装甲碰击时,K 可取 0.46,铝质风帽 K 可取 0.3;t_1 为引信瞬发度,μs;t_2 为爆轰波波阵面从引信孔底起爆点传至药型罩端面的时间,μs。

2)风帽的厚度 δ_c。由于反坦克导弹与火箭弹的战斗部所承受的发射与飞行载荷较小,所以风帽的厚度一般是以刚度(而不是强度)观点来确定,其经验计算公式为

铝风帽厚度为

塑料风帽厚度为

$$\left.\begin{array}{l} \delta_C = (0.5\% \sim 1.5\%)D_w \\[2ex] \delta_C = (1\% \sim 2\%)D_w \\[2ex] \delta_C = (0.3\% \sim 1.0\%)D_w \end{array}\right\} \qquad (7-35)$$

钢风帽厚度为

式中：D_w 为战斗部直径。

若因受战斗部质量限制而选用厚度较薄的风帽时，可在风帽上压槽，压槽方向与风帽的母线方向相同，以提高抗压失稳的刚度。

2.壳体设计

壳体的主要作用是装填药柱、固定引信、连接风帽与发动机，并具有良好的气动性能和承受载荷强度，因此在进行壳体设计时需要考虑以下几点。

（1）壳体的形状应根据气动力要求和战斗部质量要求来确定，采用圆柱与截锥形组合式的壳体，其质量较圆柱形壳体的战斗部质量可减轻 10%～20%。

（2）确定壳体结构时，应考虑带壳药柱与光药柱之间的静破甲深度差值。通常是带壳药柱的静破甲深度小于光药柱的静破甲深度。壳体设计时应设法消除或缩小两者之间的静破甲深度差异。

（3）选用压电引信时，应考虑风帽与壳体构成导电线路的有关要求（导电性与绝缘性）。

（4）对于间接装药的聚能破甲战斗部，应考虑留有药柱与壳体之间的间隙，为充分利用装药直径，在壳体口部连接处允许采用特殊螺纹。

为了说明带壳药柱与光药柱之间的静破甲深度差值，表 7-12 给出了某产品的静破甲对比试验结果。

表 7-12　带壳药柱与光药柱的静破甲对比试验

序　号	壳体情况	隔板尺寸/mm	破甲深度/mm	对比降幅/(%)
1	无壳体	$\Phi58 \times \Phi22 \times 17$	455	—
2	有壳体	$\Phi58 \times \Phi22 \times 17$	282	38
3	壳体中去掉弹底	$\Phi58 \times \Phi22 \times 17$	440	3
4	壳体中去掉副药柱部分	$\Phi58 \times \Phi22 \times 17$	436	4
5	有壳体	$\Phi54 \times \Phi21 \times 15$	387	18

试验采用圆柱形药柱、圆台隔板，主药柱重 312 g，副药柱重 110 g，药柱直径为 62 mm，隔板材料为酚醛布棒，壳体厚度为 3 mm。

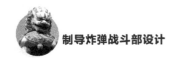

由表 7 - 12 的试验数据可以看出,带壳药柱比光药柱的静破甲深度降低约 38％,这主要是由于弹底与副药柱周围部分的壳体对爆轰波的影响所造成的。因为药柱带壳后,爆轰波在壳体壁面上会发生反射,同时带壳体后使稀疏波进入药柱的时间推迟,从而使靠近壳体壁面附近的爆轰能量得到加强,改变了裸药柱的起始爆轰波形,使侧向爆轰波较之中心爆轰波提前到达药型罩壁面,破坏了罩上各微元的正常压合顺序,使得形成的射流速度低,而且有效长度短,最后导致破甲深度下降。在同样的试验条件下,如果减小带壳的隔板的直径和厚度,则可缩小与不带壳药柱之间的静破甲深度差值。

大量试验表明,带壳体的圆柱形聚能装药与圆柱-截锥形聚能装药相比,后者对光药柱所得静破甲深度的影响比前者大;无隔板的聚能装药与有隔板的聚能装药相比,带壳体后对破甲深度的影响是前者比后者小。

可按以下原则进行壳体外形与结构尺寸的确定。

(1)壳体厚度 δ。由于反坦克导弹、火箭弹的聚能破甲战斗部承受的发射与飞行过载较小,所以战斗部壳体厚度 δ 通常不是从强度观点而是从有利于炸药装药能量充分利用的观点来选择确认,一般多采用薄壳结构(薄壳是指壳体厚度<0.05 倍弹径),材料一般选择铝合金,也可以选用玻璃钢、塑料或者低碳钢。航空炸弹的聚能破甲战斗部一般是作为侵爆型航弹串联战斗部的第一级战斗部,考虑到复杂受力环境的结构强度要求,壳体多采用低碳钢制造,厚度约 3 mm。

(2)壳体的外形和长度。壳体的外形和长度主要取决于聚能装药结构的外形和长度。壳体长度与壳体直径之比一般为 2.0～3.5,可视装药设计的药柱长度而定,外形一般为圆柱形和截锥形的组合体。

|7.2　串联侵彻战斗部设计|

7.2.1　概述

侵彻战斗部是钻地武器的有效载荷,承载着对地面坚固/深埋目标的打击任务,按其对目标的侵彻方式划分,可分为动能侵彻战斗部和复合侵彻战斗部。动能侵彻战斗部(简称动能弹)依靠其自身动能侵入掩体内部,利用延迟或智能型引信引爆高能炸药,依靠爆炸后产生的冲击波和破片对掩体内部的设备和人员进行毁伤。复合侵彻战斗部又称串联战斗部,目前最成熟的是破爆型串联战斗部,其依靠前级聚能空心装药弹头所形成的、具有一定长径比和速度梯度的侵彻战斗部对目标进行侵彻,形成具有一定深度和口径的孔道,后级动能战斗部携带高能炸药,沿前级孔道侵入目标内并进行二次毁伤,其作用过程如图 7 – 30 所示。

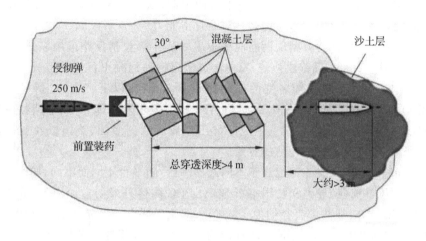

图 7 – 30　串联战斗部作用过程

钢筋混凝土是以混凝土为主体,配设不同形式的、高抗拉强度的钢筋所构成的组合材料,二者的性能互补,成为迄今结构工程中应用最成功、最广泛的组合材料。以其为主体或基材浇注的防护结构往往深入地下几米、十几米甚至上百米。因此,提升现有钻地武器或是新研钻地武器对该类目标的毁伤效能,一直是国内外学者及国防工作者致力追求的目标。

20 世纪 90 年代海湾战争之后,在以美国为主要作战国的历次局部战争和军事打击行动中,美国装备使用了大量钻地弹,主要以动能侵彻战斗部为主,依靠飞行弹体自身的动能侵彻到目标内部,引爆战斗部装填的主装药进行毁伤。动能侵彻战斗部主要有以下缺点:①侵彻深度受着速影响较大;②弹着角和攻角较大时,容易发生跳弹等现象而不能有效侵彻靶体。

与美国发展配用整体式动能侵彻战斗部钻地炸弹不同,欧洲国家主要发展配用串联侵彻战斗部。与单一动能侵彻战斗部相比,串联侵彻战斗部具有以下独特优势:①对武器平台提供的落地速度要求不高;②效能更高,减轻了战斗部质量,单位质量产生的能量更高;③扩展了战斗部的撞地着角范围,减轻了对武器制导控制系统的要求。

考虑到制导航空钻地炸弹主要针对的目标一般都是大型建筑、导弹发射井、跑道、地面通信指挥中心等坚固目标,因此,本章仅就针对钢筋混凝土目标的串

联侵彻战斗部的设计过程进行论述。

(1)发展概况。钻地武器研制最成功的军事强国主要包括美国、法国、德国、英国和西班牙等。尽管串联战斗部首先由美国 LLNL 实验室于 20 世纪 80 年代提出,但美国主要朝整体战斗部方向发展,倾向于发展高速、重型深侵彻武器,如 MOP、HVPM,而出于自身挂载平台的限制,欧洲国家更倾向于发展串联战斗部,并配装于空地导弹,以提高其对地打击能力。

欧洲国家装备的典型反钢筋混凝土串联战斗部包括反跑道串联战斗部,例如英国的 SG - 357 反跑道弹药;反单层或多层钢筋混凝土目标并形成自主装备的、在国际上具有较高知名度的串联战斗部,主要有以下三型,包括"布诺奇"(BROACH)串联战斗部、"长矛者"(LANCER)串联战斗部和"麦菲斯特"(ME-PHISTO)串联战斗部。这三款战斗部已经成为欧洲多国、美国以及亚洲国家(如韩国)等重点采购或评估的对象。

"布诺奇"串联战斗部配装于不同武器平台,随平台不同而不同,如配装于英国空军"风暴前兆"导弹和法国空军 SCALPEG 防区外发射空面导弹,战斗部重约 450 kg,前级战斗部直径约为 450 mm;配装于联合防区外武器(JSOW - C),战斗部重约 246 kg,前级战斗部直径约为 300 mm,其外形结构如图 7 - 31 所示;而配装于 155 mm 炮弹及肩射反掩体单兵武器,战斗部直径更小,质量更轻,美国海军相信"布诺奇"战斗部能使 JSOW - C 具有更强的打击目标的能力。

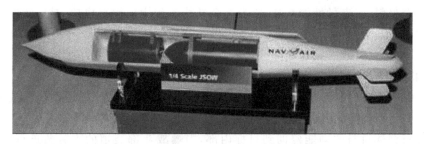

图 7 - 31　配装于 JSOW - C 的"布诺奇"战斗部

德国航空航天公司和法国汤姆逊-CSF 公司合资的 TDA/TDW 公司自 1997 年就开展了"麦菲斯特"串联战斗部的研制,主要目的是用来配装金牛座 KEPD - 150 和 KEPD - 350 巡航导弹,其外形结构如图 7 - 32 所示。其后级战斗部直径约为 240 mm,长度约为 2 300 mm,装有 EADS 公司 TDW 分公司研制的可编程智能多用途引信,可实现空爆、触发起爆和触发延期起爆 3 种起爆模式。当侵彻点硬目标时,采用触发延期起爆,在战斗部穿透沙石、混凝土等多层复合结构后,引信感受到已处于掩体内部时起爆,对内部的人员和设备造成毁伤。

图 7-32　配装于 KEPD 的"麦菲斯特"串联战斗部

上述 3 种串联战斗部的相关参数与技术指标见表 7-13。

表 7-13　3 种典型串联战斗部参数及技术指标

战斗部类型	质量/kg	装药/kg（前级/后级）	威力/m	
			混凝土	土壤
"布诺奇"战斗部	约 450	91/55	3.4～6.1	6.1～9.1
"麦菲斯特"战斗部	约 450	91/55	3.4～6.1	6.1～9.1
"长矛者"战斗部	约 450	45/56	3.4～6.1	6.1～9.1

　　除了上述三款配用于导弹或炸弹的串联战斗部之外，德国、美国还研制了多款单兵用的反砖墙、桥墩或轻型掩体的串联战斗部，例如配装于 60 mm 反坦克火箭弹的"铁拳 3"串联战斗部和美国步兵大威力侵彻弹 PAM，成为城区作战的新型武器，大大提高了士兵在城区作战时对躲藏在建筑物内敌方人员的打击能力。

　　(2)发展趋势。土耳其在 2013 年公布了其研制的第一款针对地表和地下钢筋混凝土目标的激光制导炸弹(Turkish abb. NEB)，该炸弹的外形、尺寸、质量等均与美国的 MK84 完全一致，其外形结构如图 7-33 所示。该炸弹采用新型串联战斗部技术，内部结构如图 7-34 所示。该型战斗部在典型条件下可穿透不小于 2.1 m 厚的 C35 钢筋混凝土。目前，NEB 已经完成了 F16 战斗机的挂载试验、前级聚能战斗部开坑威力和两级战斗部动态威力火箭橇试验。

图 7 - 33　Turkish abb. NEB 炸弹外形结构图

图 7 - 34　Turkish abb. NEB 炸弹内部结构示意图

　　美国圣地亚国家实验室(Sandia National Laboratories,SNL)于 2003 年研制了一款目前世界上直径最大的串联战斗部。该战斗部前级聚能装药结构及对凝灰岩的侵彻效果图如图 7 - 35 和图 7 - 36 所示。此外,该实验室的研究人员还研究了前级战斗部爆轰场对后级战斗部的干扰,试验达到了预期的效果,试验布置示意图如图 7 - 37 所示。

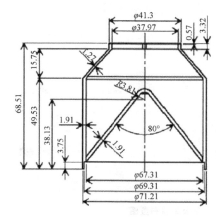

图 7 - 35　SNL 前级聚能装药结构图(单位:mm)

图 7 - 36　前级聚能装药对凝灰岩侵彻效果图

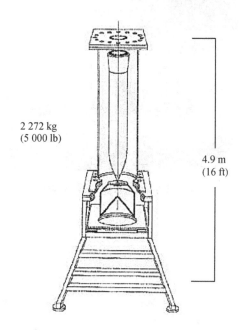

图 7 - 37　SNL 串联战斗部静态考核试验布置示意图

美国雷锡恩(Raytheon)公司最近研制了一款新型的串联战斗部,并于 2008 年 1 月份完成了该型战斗部的静态威力试验,战斗部试验布置及对目标的毁伤效果图如图 7 - 38～图 7 - 40 所示。试验结果表明,该款战斗部可直接摧毁 6 m

厚、重约 330 t、抗压强度达 86.8 MPa 的超高强度钢筋混凝土,其中前级聚能装药战斗部开孔深度可达 5.86 m,后级战斗部炸药装药产生的冲击波使整块靶标炸裂成碎块,且对后面的鉴证靶产生了很明显的冲击波毁伤效应。

图 7 - 38　Raytheon 公司串联战斗部及试验布置图

图 7 - 39　战斗部毁伤靶标试验效果高速录像

图 7 - 40　钢筋混凝土目标破坏效果图

7.2.2 战斗部总体设计

串联侵彻战斗部由前级聚能装药战斗部、后级侵彻战斗部、前后级引信和隔爆体等组成,如图 7 - 41 所示。

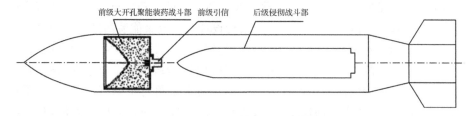

图 7 - 41 串联侵彻战斗部示意图

考虑到串联随进战斗部一般都为内埋式,因此在设计之初应该根据炸弹总体规定的内部尺寸和总体质量约束条件,开展前级聚能装药战斗部和后级侵彻战斗部的尺寸和质量分配。综合国内外的研究成果,串联侵彻战斗部的总体设计方法如下:根据炸弹总体内腔尺寸,对前级聚能装药战斗部开展初步方案设计,尽量用足炸弹总体内腔尺寸,然后根据国内外试验结果和相关设计公式,对后级战斗部的尺寸和质量开展设计。在方案的初步设计阶段,还要考虑隔爆体的尺寸和质量对串联侵彻战斗部整体质量和尺寸的影响。

串联随进战斗部的侵彻深度由前级聚能装药战斗部在钢筋混凝土中的侵彻深度和后级随进战斗部对预损伤钢筋混凝土的侵彻深度共同决定。相关研究结果表明,当前级聚能装药战斗部直径为后级侵彻战斗部直径的 40%～100% 时,后级侵彻战斗部在侵彻过程中所受到的侵彻阻力将大大减小,并能可靠进入目标内部,从而对人员和设备实施毁伤。

串联战斗部设计的核心问题为前级聚能装药战斗部的设计、后级侵彻战斗部的设计以及前后级战斗部的匹配设计。前级聚能装药战斗部要在达到对钢筋混凝土中的侵彻深度要求的前提下,形成较大的侵彻孔径,以保证后级侵彻战斗部可靠进入目标内部,实现对目标的高效毁伤。

7.2.3 前级大开孔聚能装药战斗部设计

前级聚能装药战斗部主要包括壳体、药型罩、主装炸药和起爆系统等。其中装药结构设计是聚能装药战斗部设计的关键。传统聚能装药采用小锥角锥形药型罩聚能装药结构,药型罩锥角一般设计为 40°～60°,在对侵彻深度要求较低的

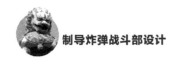
情况下,一般采用点起爆,为了提高射流的侵彻深度,国内外设计的小锥角聚能装药结构一般采用带隔板的设计方案。

反钢筋混凝土聚能装药战斗部在设计时,主要考虑的原则是,前级聚能装药战斗部射流可以穿透设计指标规定的钢筋混凝土目标,在保证一定的侵彻深度的基础上,应尽可能增大射流在混凝土中的开孔直径,使后级侵彻战斗部能够顺利随进且阻力足够小。另外,前级聚能装药战斗部的装药量要小,尽可能减小前级爆炸对后级侵彻战斗部的影响。其结构设计与传统聚能装药结构的设计方法基本相同。而针对钢筋混凝土目标特性以及后级侵彻战斗部可靠随进的需求,传统的聚能装药战斗部已不再适用,国内外研究结果表明,采用大锥角药型罩/亚半球药型罩聚能装药结构比较合适。通过对大锥角药型罩/亚半球药型罩进行优化设计,可以产生头部速度较高、头尾速度差较小的粗大杆式射流,从而满足对钢筋混凝土目标的开孔。

1.聚能装药射流成型理论分析

(1)PER 射流成型理论。PER 射流成型理论的锥形罩压垮过程的几何关系如图 7-42 所示。Pugh,Eichelberger 和 Rostoker 等人假设垂直于药型罩对称轴的平面爆轰波沿锥面从 P 点运动到 Q 点时,最初在 P 点的药型罩微元压垮到 J 点。最初的 P' 点的药型罩微元压垮速度开始较迟,且压垮比 P 点慢,在 P 点到 J 点的同时 P' 点到达 M 点。由于 P' 点的压垮滞后于 P 点,所以正在压垮的药型罩外形由 QMJ 给出。假设爆轰波速度保持为常数,即 U_D,则其扫过药型罩壁的速度为 $U = U_D \sec\alpha$,α 为药型罩半锥角。

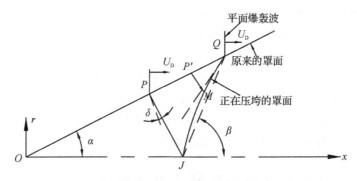

图 7-42　PER 射流成型理论的锥形罩压垮过程的几何关系

P 点处的药型罩微元不是垂直于其表面,而是沿着与表面法线成一小角度 δ(变形或偏转角)的直线运动,则由 Taylor 关系式可得

$$\sin\delta = \frac{v_0\cos\alpha}{2U_D} \tag{7-36}$$

经过一系列的偏微分和几何关系可求得药型罩微元的压垮角 β 为

$$\tan\beta = \frac{\sin(\alpha+2\delta) - x\sin\alpha\,[\,1 - \tan\delta\tan(\alpha+\delta)\,]\,v_0'/v_0}{\cos(\alpha+2\delta) + x\sin\alpha\,[\,\tan(\alpha+\delta) + \tan\delta\,]\,v_0'/v_0} \tag{7-37}$$

式中：v_0' 表示 v_0 对 x 的偏导数。

当罩微元运动到药型罩轴线时，发生碰撞，分成射流和杆体两部分。在实验室坐标系下观察，射流以速度 v_j 向前运动，杆体以速度 v_s 向前运动，而碰撞点则以速度 v_c 向前运动。根据不可压缩流体力学理论，并经实验室坐标系和运动坐标系变换，射流和杆体的速度可表示为

$$v_j = v_0\csc\frac{\beta}{2}\cos\left(\alpha+\delta-\frac{\beta}{2}\right) \tag{7-38}$$

$$v_s = v_0\sec\frac{\beta}{2}\sin\left(\alpha+\delta-\frac{\beta}{2}\right) \tag{7-39}$$

假设一个药型罩环形微元质量为 dm，当其进入碰撞区时，分成了质量为 dm_j 的射流微元和质量为 dm_s 的杆体微元。由质量守恒和在轴向方向的动量守恒可得 dm_j 和 dm_s 的表达式为

$$dm_j = dm\,\sin^2\frac{\beta}{2} \tag{7-40}$$

$$dm_s = dm\,\cos^2\frac{\beta}{2} \tag{7-41}$$

以上就是 PER 射流成型理论，其中：式(7-36)~式(7-39)为 4 个独立方程，但含有 5 个未知量：δ、β、v_0、dm_j 和 v_j，这些未知数都是 x 的函数。未知数超过了独立方程的数量，其原因在于 PER 射流成型理论未对金属药型罩和炸药是如何相互作用的进行分析，即未明确炸药爆炸施加给药型罩微元的冲量的大小，因此，需要试验测出其中的一个参量，才能完整求解其余的参量。

后来的学者包括 Kiwan A. R.、Wisniewski 和 Karpp R. 给出了求解压垮速度的经验公式。Ddfourneaux M. 建议采用以下方程来表述变形角和炸药性质之间的关系，即

$$\frac{1}{2\delta} = \frac{1}{\varphi_0} + K\rho\left(\frac{\varepsilon}{e}\right) \tag{7-42}$$

式中：K 和 φ_0 为经验常数，取决于炸药和爆轰波与药型罩相交的角度；ε 为药型罩的厚度；ρ 为药型罩的密度；e 为在与药型罩垂直方向上测量的炸药厚度。

另一种方法是利用格尼关系式，依据炸药对金属比 μ 和格尼常数 $\sqrt{2E}$ 来求解 v_0。

（2）扩展的 PER 射流成型理论。PER 射流成型理论假设药型罩微元被瞬时加速到压垮速度，实际上药型罩微元的加速有一个过程，加速时间的作用将影响压垮角 β，导致计算结果与试验结果之间存在系统误差。同时 PER 射流成型理论仅适用于圆锥形罩或楔形罩。自 1970 年以来，很多学者对 PER 射流成型理论进行了有益的拓展，具体包括：①一般形状药型罩；②球形的或喇叭口形的爆轰波；③改进的药型罩压垮关系；④炸药和金属相互作用的公式；⑤压垮期间药型罩微元的有限加速度；⑥利用超声速准则和反向速度梯度确定射流头部的原点；⑦射流特征量（半径、伸长率）等公式，形成了扩展的 PER 射流成型理论。

1）药型罩的几何形状和压垮。一般装药几何关系和药型罩压垮过程如图 7 -43 所示。爆轰波沿罩表面由 P 点运动到 Q 点时，最初在 P 点和 P' 点的药型罩微元逐渐被加速，并分别达到 J 点和 M 点，药型罩压垮轮廓线为 QMJ。以药型罩顶部中心为原点，半径方向为 r，轴向为 x，建立坐标系 (r,z)。

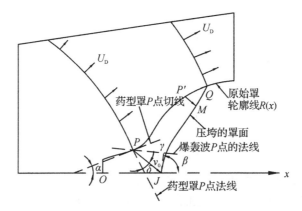

图 7-43　成型装药的几何关系和压垮

诚如 PER 射流成型理论，假设药型罩材料是非黏性的不可压缩流体，罩壁很薄，在压垮期间药型罩微元之间没有相互的物理作用，药型罩每个区域的微元都可以单独地在它的适当坐标系中考虑。认为爆轰波速率为 U_D 不变，垂直于其波阵面，但该波扫过药型罩 P 点的速度不再是常数，其具体表达式可以表示为

$$U = \frac{U_D}{\cos\gamma} \qquad (7-43)$$

式中：$\gamma = \gamma(x)$ 为 P 点处爆轰波的法线与药型罩切线的夹角。

A.计算变形角 δ。经典的 PER 射流成型理论认为爆轰波仅垂直施加给药型罩微元一个冲量，药型罩微元当受到爆轰波作用时仅改变了它的方向，而没有改变它的速度大小，从而引出了变形角 δ 和绝对压垮速度 v_0 之间的关系，即 Taylor 关系式。Taylor 关系式是在定常流动的假设下得到的，适用于柱形装药或平板装药在一端起爆。Chou P. C.等人将 Taylor 关系式扩展到非定常的情形,得到了更精确的变形角 δ 的表达式为

$$\delta = \frac{v_0}{2U} - \frac{1}{2}\tau v_0' - \frac{1}{4}\tau' v_0 \qquad (7-44)$$

式中:v_0' 表示 v_0 对 x 求偏导数;τ' 表示 τ 对 x 求偏导数,τ 是与药型罩加速有关的时间常数。

B.计算压垮速度 v_0。常用的计算压垮速度的方法有三种:第一种是 PER 射流成型理论提出的瞬时加速模型,罩微元被瞬时加速到压垮速度 v_0;第二种是由 Eichelberger 提出、Carleone 首先使用的恒加速模型,罩微元的加速度是常数,微元压垮速度在短期内呈线性增长,直至达到最后的压垮速度 v_0,或者压垮到轴线上;第三种是由 Randers-Pehrson 提出的指数加速度模型,罩微元的加速公式为

$$v = v_0\left[1 - \exp\left(-\frac{t-T}{\tau}\right)\right] \qquad (7-45)$$

Carleone J.和 Flis W. J.指出:指数加速模型与柱形装药壳体膨胀试验结果和壳体收缩数值模拟计算结果符合,是比较有效的模型,但是要选择适当的时间常数 τ,建议用下式:

$$\tau = A_1 \frac{Mv_0}{p_{CJ}} + A_2 \qquad (7-46)$$

式中:M 为药型罩单位面积质量;p_{CJ} 为炸药 CJ 爆压;A_1、A_2 为常数。

C.计算压垮角 β。求解药型罩与其轴线的压垮角 β,假设爆轰波到达药型罩顶部中心的时间为零时,P' 点的横坐标为 x,纵坐标为 $R(x)$。在 t 时刻,最初在 P' 点的罩微元到达 M 点,M 点的坐标为

$$r = R(x) - l(x,t)\cos(\alpha + \delta) \qquad (7-47)$$
$$z = x + l(x,t)\sin(\alpha + \delta) \qquad (7-48)$$

式中:r 为径向坐标;z 为轴向坐标;R 为药型罩初始半径。

$l(x,t)$ 为微元从 P' 点运动到 M 点的距离,则有

$$l(x,t) = \begin{cases} \dfrac{a(t-T)^2}{2}, & t \leqslant t_m \\[2mm] \dfrac{a(t_m-T)^2}{2} + 2U(t-t_m)\sin\delta, & t > t_m \end{cases} \qquad (7-49)$$

对于所有的 x,在任意时刻的药型罩外形可由方程式(7-48)和式(7-49)表示。

式(7-48)、式(7-49)对 z 取偏导数,并注意到 $\dfrac{\partial}{\partial z} = \dfrac{\partial}{\partial x}\dfrac{\partial x}{\partial z}$,消去 $\dfrac{\partial x}{\partial z}$ 可得

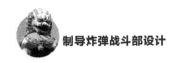
$$\frac{\partial r}{\partial z} = \frac{R' - \frac{\partial l(x,t)}{\partial x}\cos A + l(x,t)A'\sin A}{1 + \frac{\partial l(x,t)}{\partial x}\sin A + l(x,t)A'\cos A} \qquad (7-50)$$

式中：R' 为 R 对 x 求偏导数；A' 为 A 对 x 求偏导数，$A = (\alpha + \delta)$。

设碰撞时间为 $t_c = t_c(x)$，则求得药型罩微元到达轴线时所运行的距离为

$$l(x,t_c) = \frac{R(x)}{\cos A} \qquad (7-51)$$

联立方程式（7-49）和式（7-51），可以求解出碰撞时间 t_c 为

$$t_c = \begin{cases} \left(\dfrac{2R}{a\cos A}\right)^{1/2} + T, & v_c < v_0 \\[4mm] \dfrac{1}{2U\sin\delta}\left[\dfrac{R}{\cos A} - \dfrac{a(t_m - T)^2}{2}\right] + t_m, & v_c = v_0 \end{cases} \qquad (7-52)$$

则有

$$\tan\beta = \frac{\partial r}{\partial z}\bigg|_{t=t_c} = \frac{R' - \frac{\partial l(x,t_c)}{\partial x}\cos A + RA'\tan A}{1 + \frac{\partial l(x,t_c)}{\partial x}\sin A + RA'} \qquad (7-53)$$

2）射流的形成。射流速度 v_j 和射流质量 dm_j 与 PER 射流成型理论相同，具体表达式详见式（7-38）和式（7-40）。

3）射流的位置和半径。射流上的位置坐标从锥形罩顶的原始位置测量起，记为 $\xi(x,t)$。一个微元恰好在时间 t 到达轴线的位置用符号 $\bar{z}(x)$ 表示。由压垮的基本几何关系可知，这个位置可以计算为

$$\bar{z}(x) = x + R\tan(\alpha + \delta) \qquad (7-54)$$

在任意时间 $t > t_c$，原先在 x 处的微元的一部分将成为射流，而另一部分将成为杵体。假设射流部分的每一个微元在其形成之后立即以一个不变的速度 $v_j(x)$ 运动，则可以写出 x 微元在时间 t 的射流部分的位置为

$$\xi(x,t) = \bar{z} + (t - t_c)v_j, \quad t \geqslant t_c \qquad (7-55)$$

假设射流的横截面为圆形且流动是定常和不可压缩的。原始锥体每单位长度的射流微元的质量可用下式进行计算，即

$$\frac{dm_j}{dm} = \frac{2\pi\rho\varepsilon R}{\cos\alpha}\sin^2\frac{\beta}{2} \qquad (7-56)$$

假设射流是不可压缩的流体，密度与药型罩相同，则 $d\xi$ 长度上的射流微元质量可表达为

$$dm_j = \pi\rho r_j^2 d\xi$$

或

$$\frac{\mathrm{d}m_j}{\mathrm{d}x} = \pi \rho r_j^2 \left| \frac{\partial \xi}{\partial x} \right| \qquad (7-57)$$

式中：r_j 为射流半径。

则可由式(7-56)和式(7-57)联立求得射流的半径为

$$r_j = \left[\frac{2R\varepsilon}{\cos\alpha} \frac{\sin^2(\beta/2)}{|\partial\xi/\partial x|} \right]^{1/2} \qquad (7-58)$$

4) 射流头部的形成。实践表明，靠近药型罩顶部的药型罩微元离轴线近，一般当还未加速到最终的压垮速度时，就已经到达药型罩轴线并发生碰撞，导致后面射流微元的速度要大于前面射流微元的速度，产生反向速度，射流微元之间发生干扰，从而引起射流质量的"堆积"。这些"堆积"的质量形成了射流头部，在 X 光试验中可以明显地看到，它的直径大于临近部位的射流直径。典型的射流速度分布曲线如图 7-44 所示。

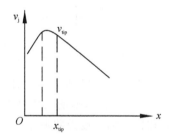

图 7-44　典型的射流速度分布曲线

假设各微元经历了完全塑性变形碰撞，各微元堆积起来形成头部颗粒，其速度可用线性动量守恒定律预报，可表达为

$$v_{tip} = \frac{\int_0^{x_{tip}} v_j(x) \frac{\mathrm{d}m_j}{\mathrm{d}x} \mathrm{d}x}{\int_0^{x_{tip}} \frac{\mathrm{d}m_j}{\mathrm{d}x} \mathrm{d}x} \qquad (7-59)$$

射流头部颗粒的质量可表示为

$$m_{tip} = \int_0^{x_{tip}} \frac{\mathrm{d}m_j}{\mathrm{d}x} \mathrm{d}x \qquad (7-60)$$

2. 聚能杆式侵彻体成型设计原则

聚能杆式侵彻体本质上是一种杆体小、延伸率低的射流，因此，应从提高射流质量、减小射流速度梯度和提高射流速度三方面进行聚能杆式侵彻体药型罩及其装药结构设计。

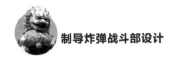

（1）提高射流质量。根据前述介绍的 PER 射流成型理论，射流和杵体的质量表达式为

$$dm_j = dm \sin^2 \frac{\beta}{2} \qquad (7-61)$$

$$dm_s = dm \cos^2 \frac{\beta}{2} \qquad (7-62)$$

式中：dm、dm_j 和 dm_s 为药型罩、射流和杵体微元的质量；β 为压垮角。

由式（7-61）和式（7-62）可以看出，压垮角 β 是影响射流质量的主要影响因素，其值越大，射流质量越大，相应地杵体质量则越小。而压垮角 β 主要由药型罩锥角 2α（非锥形药型罩的半锥角定义为药型罩微元切线与对称轴夹角的一半）决定。

（2）减小射流速度梯度。根据前述介绍的 PER 射流成型理论，射流和杵体的速度表达式为

$$v_j = v_0 \csc \frac{\beta}{2} \cos\left(\alpha + \delta - \frac{\beta}{2}\right) \qquad (7-63)$$

$$v_s = v_0 \sec \frac{\beta}{2} \sin\left(\alpha + \delta - \frac{\beta}{2}\right) \qquad (7-64)$$

对于药型罩微元来说，减小射流速度梯度，应该使药型罩微元形成的射流和杵体的速度差较小。考虑到 $\beta = \alpha + 2\delta$，则增大药型罩锥角 2α，压垮角 β 也将增大，药型罩微元形成的射流和杵体的速度差将减小。

根据前述 PER 射流成型理论，药型罩每个微元的压垮速度、压垮角和变形角都是变化的，从射流整体来看，应该尽可能提高后续射流微元的速度，使从罩顶到罩底部相邻微元形成的射流微元速度差变化很小。因此，控制射流速度梯度一般有两种方法：① 通过药型罩厚度变化改变药型罩微元的压垮速度，如变壁厚的锥形罩；② 通过药型罩角度调节罩微元压垮角度，如喇叭罩、郁金香罩等，即初始压垮角较大，沿罩口部到罩底部逐渐减小。

（3）提高射流速度。根据前述 PER 射流成型理论，射流微元的速度可表示为

$$v_j = v_0 \csc \frac{\beta}{2} \cos\left(\frac{\beta}{2} - \delta\right) \qquad (7-65)$$

式中：v_0、β 为药型罩微元压垮速度、压垮角。

由式（7-65）可以看出，射流微元的速度随着压垮速度的增大而增大，随着压垮角的减小而增大。而根据爆轰波和药型罩几何关系可知，与点起爆相比，平面起爆和环形起爆可以降低爆轰波阵面与药型罩之间的夹角，一方面提高了罩微元的压垮速度，另一方面降低了罩微元的压垮角，从而提高射流速度梯度。

3.聚能装药射流侵彻目标理论分析

（1）射流对目标侵彻深度理论。

1）连续射流非定常侵彻理论。X光试验表明，射流头部速度快，尾部速度慢，沿射流长度方向存在速度梯度。Allison F. E.和 Vitali R.假设存在一虚拟原点，所有射流微元从虚拟原点出发且射流速度沿射流长度方向呈线性分布。射流非定常侵彻计算图如图7－45所示。取虚拟原点为坐标原点 O，侵彻深度曲线点到虚拟原点的直线的斜率即刚到达该侵彻深度的射流微元的速度。S 为虚拟原点到靶板表面的距离，t_0 为射流头部从虚拟原点运动到靶板表面的时间。射流头部在 A 点与靶板相遇并开始侵彻，ABC 线为侵彻深度随时间的变化曲线。现取任一点 B，OB 的斜率为相应的射流微元的速度 v_j，该射流微元前续射流产生的侵彻深度为 $P(t)$，于是该微元在 t 时刻运行的距离为

$$P(t) + S = tv_j \tag{7-66}$$

对 t 取微分，并应用定常流体动力学理论 v_j 和 μ 的关系式 $\mu = v_j/(1+\gamma)$，则可积分得到射流侵彻深度的表达式为

$$P = S\left[\left(\frac{v_{j0}}{v_j}\right)^{1/\gamma} - 1\right] \tag{7-67}$$

式中，v_{j0} 为射流头部速度；$\gamma = \sqrt{\rho_t/\rho_j}$。

由式（7－67）可知，射流侵彻深度不仅与射流和靶板介质的密度有关，还与射流速度和包括炸高在内的 S 有关。

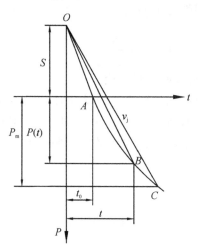

图7－45　射流非定常侵彻计算图

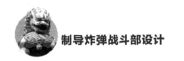

射流侵彻深度随时间的变化关系式为

$$P(t) = v_{j0}t\left(\frac{t_0}{t}\right)^{\gamma/(1+\gamma)} - S \qquad (7-68)$$

式中：t_0 为射流头部从虚拟原点运动到靶板表面的时间。

2）考虑目标介质强度连续射流非定常侵彻理论。实践表明，当射流速度较低时，靶板强度对射流侵彻深度有较重要的影响，因此，不能忽略靶板强度因素。为了考虑靶板强度，需要采用修正的 Bernoulli 方程，即

$$\frac{1}{2}\rho_j(v_j - u)^2 = \frac{1}{2}\rho_t u^2 + R_t \qquad (7-69)$$

则可求得射流侵彻速度的表达式为

$$u = \frac{v_j - \sqrt{\frac{\rho_t}{\rho_j}v_j^2 + \left(1 - \frac{\rho_t}{\rho_j}\right)\frac{2R_t}{\rho_j}}}{1 - \frac{\rho_t}{\rho_j}} \qquad (7-70)$$

将式（7-70）代入连续射流非定常侵彻理论当中，即可得到考虑靶板介质强度的非定常射流的侵彻深度，其表达式为

$$P = v_j t_0 \frac{\Gamma_0}{\Gamma}\left[\frac{\Gamma_0 + \sqrt{\Gamma_0^2 - (1 - \gamma^2)^2\frac{2R_t}{\rho_j}}}{\Gamma + \sqrt{\Gamma^2 - (1 - \gamma^2)^2\frac{2R_t}{\rho_j}}}\right]^{1/\gamma} - S \qquad (7-71)$$

式中：R_t 为靶板介质塑性变形阻抗；$\Gamma = -\gamma^2 v_j + \left[\gamma^2 v_j^2 + (1 - \gamma^2)\frac{2R_t}{\rho_j}\right]^{1/2}$；

$\Gamma_0 = -\gamma^2 v_{j0} + \left[\gamma^2 v_{j0}^2 + (1 - \gamma^2)\frac{2R_t}{\rho_j}\right]^{1/2}$。

（2）连续射流对目标开孔孔径理论。

1）连续射流基本开孔孔径理论。1983 年，Szendrei T.利用了几个合理的假设对射流侵彻孔径的增长规律进行了分析，Held M.对该理论进行了适当的修正。假设一维冲击压力 p、靶板介质塑性变形阻抗 R_t 与射流侵彻速度 u 之间的关系式为

$$p = \frac{1}{2}\rho_t u^2 + R_t \qquad (7-72)$$

假设射流开孔孔径速度 u_c 和射流的侵彻速度 u 相等，则可得到开孔速度 u_c 的表达式为

$$u_c = \left(\frac{2p}{\rho_t} - \frac{2R_t}{\rho_t}\right)^{1/2} \qquad (7-73)$$

假设作用在孔壁的压力保持衡量，即压力和受压面积的乘积是一个常数：

$$p = \frac{A_0 p_0}{A} \qquad (7-74)$$

式中：$p_0 = \frac{1}{2}\rho_0 (v_j - u)^2$ 为滞止压强；A_0 为孔底部射流面积。

利用流体动力学射流速度 v_j、侵彻速度 u、射流开孔面积与初始开孔面积的关系式，可得到射流开孔速度的表达式为

$$\frac{\mathrm{d}r_c}{\mathrm{d}t} = u_c = \left[\frac{r_j^2 v_j^2}{r_c^2 \left(1 + \sqrt{\rho_t/\rho_j}\right)^2} - \frac{2R_t}{\rho_t} \right]^{1/2} \qquad (7-75)$$

由式（7-75）可知，开孔速度随着开孔孔径的增大而减小，则当 $u_c = 0$ 时，孔径达到最大，其表达式为

$$r_c = \sqrt{A/B} \qquad (7-76)$$

式中

$$\begin{cases} A = \dfrac{r_j^2 v_j^2}{\left(1 + \rho_t/\rho_j\right)^2} \\ B = \dfrac{2R_t}{\rho_t} \end{cases}$$

开孔孔径随时间变化规律为

$$r_c = \sqrt{A/B - \left(\sqrt{A/B - r_j^2} - t\sqrt{B}\right)^2}$$

2）基于虚拟原点的连续射流开孔孔径理论。基于 Allison F. E. 和 Vitali R. 提出的虚拟原点理论及射流动量守恒假设的基础上得到的运动过程中射流直径随时间的变化规律为

$$r_j(t) = r_{j0} \left(\frac{t_0}{t}\right)^{\frac{1}{2(1+\gamma)}} \qquad (7-77)$$

为了分析射流侵彻靶板过程中开孔孔径的变化规律，又假设靶板开孔的形成是分两个阶段完成的：① 在所谓的"三高"区域，射流头部出现了蘑菇状的变形，在该变形下射流头部要消耗自身能量以克服靶板介质阻力产生初始孔径；② 在射流微元侵彻完毕后，靶板介质粒子惯性运动，使得初始孔径进一步扩大，最终形成射流最终开孔孔径。

基于长杆形侵彻体蘑菇头微元控制体离心力模型，可得作用在靶板孔壁上的压力为

$$p' = \rho_j r_j^2 \frac{(v - u)^2}{2r R(\beta)} \qquad (7-78)$$

式中

$$R(\beta) = \frac{1}{\sin\beta} \frac{\mathrm{d}r}{\mathrm{d}\beta}$$

将式(7-78)代入式(7-72),并通过分离变量积分,可得到射流开孔初始孔径为

$$r_{c1} = r_j \left(\frac{9}{4} + \frac{1}{1 + \dfrac{R_t}{\rho_t u^2}} \right)^{1/2} \tag{7-79}$$

进一步利用刚性弹扩孔理论,假设靶板介质粒子惯性运动,形成最终孔径的表达式为

$$r_c = r_{c1} \sqrt{1 + \frac{\rho_t u^2}{4R_t}} \tag{7-80}$$

结合虚拟原点理论得到的射流开孔孔径随时间及侵彻深度的变化规律为

$$r_c = r_{j0} \left(\frac{t_0}{t} \right)^{\frac{1}{2(1+\gamma)}} \left\{ \frac{9}{4} + \frac{1}{1 + \dfrac{R_t}{\rho_t \left[\dfrac{v_{j0}}{1+\gamma} \left(\dfrac{t_0}{t} \right)^{\gamma/(1+\gamma)} \right]^2}} \right\}^{1/2} \left\{ 1 + \frac{1}{4 \dfrac{R_t}{\rho_t \left[\dfrac{v_{j0}}{1+\gamma} \left(\dfrac{t_0}{t} \right)^{\gamma/(1+\gamma)} \right]^2}} \right\}^{1/2} \tag{7-81}$$

$$r_c = r_{j0} \left(\frac{1}{P/S-1} \right)^{\frac{1}{2}} \left\{ \frac{9}{4} + \frac{1}{1 + \dfrac{R_t}{\rho_t \left[\dfrac{v_{j0}}{1+\gamma} \left(\dfrac{1}{P/S-1} \right)^{\gamma} \right]^2}} \right\}^{1/2} \left\{ 1 + \frac{1}{4 \dfrac{R_t}{\rho_t \left[\dfrac{v_{j0}}{1+\gamma} \left(\dfrac{1}{P/S-1} \right)^{\gamma} \right]^2}} \right\}^{1/2} \tag{7-82}$$

3)考虑冲击波效应的连续射流的开孔孔径理论。与目标介质是金属靶板的工况不同,当高速射流侵彻土壤、混凝土介质时,由于射流头部侵彻速度往往大于材料的声速,所以侵彻界面附近("三高"区域)将受到冲击波的作用,该区域内的材料参数将发生变化,而这些变化对射流的径向扩孔产生的影响较轴线侵彻深度的影响来得更为明显。

应用冲击波波阵面的 Hugoniot 跳跃条件,则有

$$\rho_1 (u_1 - u_s) = \rho_2 (u_2 - u_s) \tag{7-83}$$

$$p_1 + \rho_1 u_1 (u_1 - u_s) = p_2 + \rho_2 u_2 (u_2 - u_s) \tag{7-84}$$

式中:p_1、p_2、ρ_1、ρ_2、u_1、u_2 为波阵面前、后的靶板应力、材料密度和质点速度;u_s 为侵彻轴线处的冲击波传播速度。

在靶板介质中传播的冲击波的速度和介质质点速度可表达为

$$u_s = C_0 + \lambda v_2 \tag{7-85}$$

式中:C_0 为零压时靶板的声速;λ 为材料声速。

再利用 Bernoulli 方程,则可得到考虑冲击波效应的射流侵彻方程为

$$\frac{1}{2}\rho_j\ (v_j-u)^2=\frac{1}{2}\rho_t u^2+\frac{1}{2\lambda}\rho_t u\ (u-C_0)+R_t \qquad (7-86)$$

式中:R_t 为零压时靶板介质阻抗。

则由式(7-70)可得到此时射流侵彻速度为

$$u=\frac{2\lambda\rho_j v_j-\rho_t C_0-\sqrt{4\lambda\rho_j\rho_t v_j\ [\,(1+\lambda)\,v_j-C_0\,]+8\lambda R_t\ [\lambda\rho_j-(1+\lambda)\,\rho_t\,]+\rho_t^2 C_0^2}}{\lambda\rho_j-(1+\lambda)\rho_t}$$

$$(7-87)$$

根据 Szendrei T.关于射流开孔压力与初始开孔压力的关系,可得考虑冲击波效应的射流开孔孔径计算公式为

$$r_c=\sqrt{\frac{A-C}{B}} \qquad (7-88)$$

式中

$$A=\frac{\rho_j\ (v_j-u)^2}{\rho_t}r_j^2 \qquad (7-89)$$

$$B=\frac{2R_t}{\rho_t} \qquad (7-90)$$

$$C=\frac{2u\ (u-C_0)}{\lambda}r_j^2 \qquad (7-91)$$

当侵彻速度 u 小于靶板声速 C_0 时,式(7-91)等于零,则式(7-88)则转变为 Szendrei T./Held M.方程。

由上述公式分析可知,零压靶板介质阻抗 R_t 是求解该模型的基础,可以借鉴 Held M.的方法进行反推(根据已有的孔径试验数据加以反推得到),但此处的靶板介质阻抗 R_t 与 Szendrei T./Held M.方程所规定的靶板介质阻抗有着较大的区别,两者存在着数量级上的差别。

4.大开孔聚能装药结构设计

前级聚能装药战斗部的威力从根本上决定了串联战斗部的性能指标,是串联战斗部设计的首要问题。而前级聚能装药战斗部设计的关键是如何在保持聚能杆式侵彻体的侵彻深度达到一定要求的前提下,尽可能提高聚能杆式侵彻体的开孔孔径,为后级侵彻战斗部的继续侵彻奠定良好的终点弹道环境。

对目标预期可形成大开孔聚能杆式侵彻体、且适合批量生产的药型罩主要包括大锥角、半球形和亚弧形药型罩(偏心亚半球药型罩)等,特别是亚弧形药型罩的聚能杆式侵彻体的成型性能更为突出。实践表明,典型的射流型聚能装药

结构，其锥角一般在 30°～70°之间，当药型罩锥角大于 140°时，射流和杆体之间没有明显的界限，对目标的侵彻能力也大幅下降。因此，一般可形成聚能杆式侵彻体的药型罩锥角集中在 70°～140°之间。药型罩是聚能装药结构的核心部件，影响其成型性能的结构设计参数包括药型罩锥角、母线曲率半径、壁厚、壁厚差、罩顶部外倒弧半径以及药型罩的材料等。此外，主装炸药类型、起爆方式、壳体材料及壁厚、有效装药量等均会对聚能装药的成型性能产生影响。

（1）聚能装药结构设计参数对聚能杆式侵彻体成型性能影响研究。下面对大锥角药型罩、亚弧形药型罩和半球形药型罩形成的聚能杆式侵彻体进行对比。建立的三种典型的聚能装药结构如图 7-46 所示。

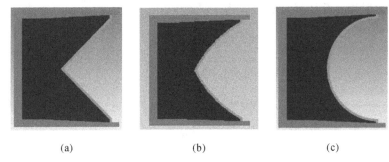

(a)　　　　　　　　　(b)　　　　　　　　　(c)

图 7-46　不同结构形式药型罩聚能装药结构仿真模型

(a)大锥角药型罩；(b)亚弧形药型罩；(c)半球形药型罩

计算获得的上述 3 种聚能杆式侵彻体形貌如图 7-47 所示。

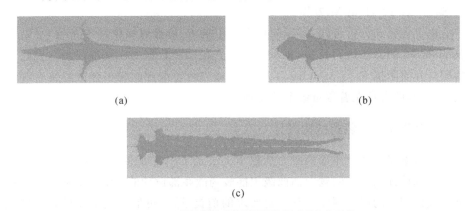

图 7-47　不同结构形式药型罩聚能杆式侵彻体形貌

(a)大锥角药型罩聚能杆式侵彻体形貌；(b)亚弧形药型罩聚能杆式侵彻体形貌；(c)半球形药型罩聚能杆式侵彻体形貌

数值仿真结果表明，从聚能侵彻体的形貌上看，亚弧形药型罩形成的杆体较小，射流质量分布较均匀，大锥角药型罩杆体占了相当大的比例，半球形药型罩形成的聚能杆式侵彻体未见明显的杆体,质量分布均匀;而从聚能杆式侵彻体速度对比可知,锥形药型罩所形成的聚能杆式侵彻体头部速度最大,尾部速度最小,半球形药型罩所形成的聚能杆式侵彻体头部速度最小,尾部速度最大,而亚弧形药型罩形成聚能杆式侵彻体头尾部速度居中,成型性能更符合聚能杆式侵彻体成型设计的初步原则。因此,本节后续内容主要研究结构设计参数对亚弧形药型罩聚能杆式侵彻体成型性能的影响,以期为聚能装药战斗部工程人员提供设计参考。

(2)基础锥角对亚弧形药型罩聚能杆式侵彻体成型性能的影响。建立的不同基础锥角亚弧形药型罩聚能装药结构如图 7-48 所示。计算得到的聚能杆式侵彻体形貌如图 7-49 所示。

图 7-48　不同基础锥角亚弧形药型罩聚能装药结构

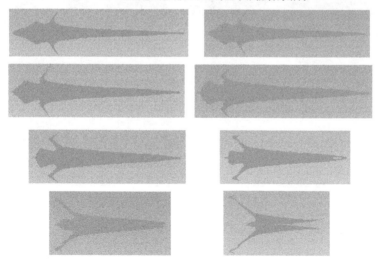

图 7-49　不同基础锥角亚弧形药型罩聚能杆式侵彻体形貌

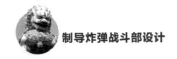

数值仿真结果表明，随着基础锥角的增大，亚弧形药型罩高度逐渐下降，与球缺罩越来越类似，聚能杆式侵彻体的头部速度、长度逐渐减小，尾部速度、动能逐渐增大。相比较而言，基础锥角在 $80°\sim110°$ 之间的亚弧形药型罩形成的聚能杆式侵彻体形貌和性能参数更为合理，更符合聚能杆式侵彻体成型设计的初步原则。

（3）母线曲率半径对亚弧形药型罩聚能杆式侵彻体成型性能的影响。建立的不同母线曲率半径药型罩聚能装药结构如图 7-50 所示。计算得到的聚能杆式侵彻体形貌如图 7-51 所示。

图 7-50   不同母线曲率半径药型罩聚能装药结构

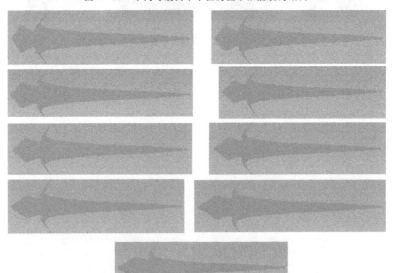

图 7-51   不同母线曲率半径药型罩聚能杆式侵彻体形貌

数值仿真结果表明,不同母线曲率半径形成的聚能杆式侵彻体形貌均较好,但差别不大,随着母线曲率半径的增大,药型罩趋近于锥形罩,导致聚能杆式侵彻体头部速度、长度、动能逐渐增大,但动能增大幅度很有限。

(4)壁厚对亚弧形药型罩聚能杆式侵彻体成型性能的影响。建立的不同壁厚亚弧形药型罩聚能装药结构如图 7-52 所示。计算得到的聚能杆式侵彻体形貌如图 7-53 所示。

图 7-52　不同壁厚亚弧形药型罩聚能装药结构

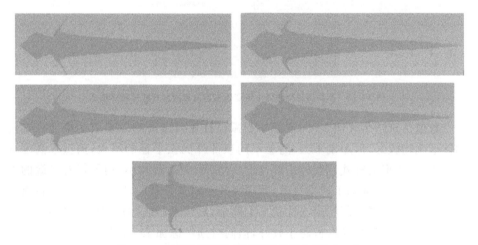

图 7-53　不同壁厚亚弧形药型罩聚能杆式侵彻体形貌

数值仿真结果表明,不同壁厚药型罩形成的聚能杆式侵彻体形貌均较好,但形貌差别不大,随着药型罩壁厚的增大,药型罩压垮挤压所需要的变形能增加,造成尾部杆体略微增大,聚能杆式侵彻体头部速度、尾部速度、动能逐渐减小,而长度逐渐增大。但过小的壁厚将导致聚能杆式侵彻体质量和直径减小。

(5)顶部外倒弧半径对亚弧形药型罩聚能杆式侵彻体成型性能的影响。建立的不同顶部外倒弧半径亚弧形药型罩聚能装药结构如图 7-54 所示。计算得到的聚能杆式侵彻体形貌如图 7-55 所示。

图 7-54　不同顶部外倒弧半径亚弧形药型罩聚能装药结构

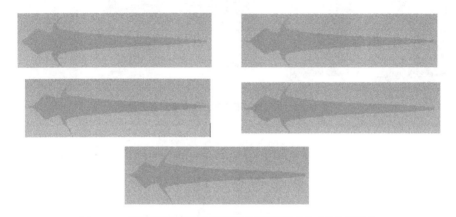

图 7-55　不同顶部外倒弧半径亚弧形药型罩聚能杆式侵彻体形貌

数值仿真结果表明,不同顶部外倒弧半径亚弧形药型罩形成的聚能杆式侵彻体形貌均较好,但差别不大,随着不同顶部外倒弧半径的增大,药型罩高度逐渐减小,造成聚能杆式侵彻体头部速度、尾部速度逐渐减小,动能仅有轻微的增大。考虑到当实际加工药型罩时,罩顶部外倒弧是必须的,因为若未设置过渡倒弧,罩内腔及外形顶部将形成柱状加工残余,对实际形成的侵彻体将产生不利影响。因此,外倒弧半径取值越小越好,但同时须考虑加工工艺性。

(6)起爆半径对亚弧形药型罩聚能杆式侵彻体成型性能的影响。相关理论计算和数值仿真结果表明,与中心点起爆方式相比,采用环形起爆和平面起爆方式可以降低爆轰波阵面与药型罩的夹角,一方面可提高药型罩微元的压垮速度,另一方面可降低药型罩微元的压垮角,从而提高聚能杆式侵彻体的速度。考虑到采用平面起爆,后期会增加产品实际设计及装药的复杂程度,相对而言,环形起爆技术相对成熟,且已得到初步工程应用。

在点起爆和环形起爆两种工况下,亚弧形药型罩形成的聚能杆式侵彻体形貌如图 7-56 所示。

(a)　　　　　　　　　　　　　　　　(b)

图 7 - 56　不同起爆方式形成的聚能杆式侵彻体形貌

(a)点起爆形成的杆式侵彻体形貌；(b)环形起爆形成的杆式侵彻体形貌

数值仿真结果表明,点起爆形成的聚能杆式侵彻体的头部速度、尾部速度、动能均比环形起爆方式的小,其形貌与长杆形 EFP 更为类似;当采用环形起爆方式时,随着起爆半径的增大,起爆距离逐渐增大,有效炸药量增加,则作用在药型罩上的爆轰能量也逐渐增大,聚能杆式侵彻体的头部速度、尾部速度、长度和动能均逐渐增大,但聚能杆式侵彻体的动能增幅不大。因此,起爆半径越大,对聚能杆式侵彻体的成型性能越好,但也不能一味增大起爆半径,起爆半径过大,壳体破裂将会变早,能量较容易耗散,反而使聚能杆式侵彻体性能变差。

7.2.4　后级侵彻战斗部设计

后级侵彻战斗部设计与传统的动能侵彻战斗部设计类似,具体结构设计可参考国内在该方面的相关研究成果,但可适当增加装填比,一般可达到 20％～30％。后级侵彻战斗部与动能侵爆战斗部的侵彻深度有一定区别,计算后级侵彻战斗部的侵彻深度时需要考虑前级装药已经在混凝土靶标上形成的预损伤孔。因此对于后级侵彻战斗部的设计,一方面要考虑预损伤混凝土中的孔形特征、强度弱化对侵彻深度的影响,另一方面还要考虑后级侵彻战斗部初速、头部形状对侵彻深度的影响。

1.弹靶关系描述及基本假设

后级侵彻战斗部与预毁伤混凝土的弹靶关系如图 7 - 57 所示。其基本假设如下：

(1)靶标预侵彻孔为任意回转体空腔,即横截面为圆形,圆的直径为 $2b$；

(2)战斗部垂直侵彻,靶弹无攻角,且弹轴与预损伤孔径中心无弹道误差；

(3)视后级侵彻战斗部为刚性；

(4)靶标为各项同性不可压缩介质；

(5)忽略开坑段后级侵彻战斗部动能损失。

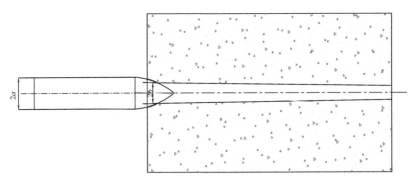

图 7 - 57　二级侵彻战斗部侵彻预损伤混凝土的弹靶关系图

2.后级侵彻战斗部头部形状对侵彻阻力的影响

对于预损伤混凝土,其中间有孔洞,弹头的侵彻阻力只来源于弹头直接接触的空腔法向阻力和切向摩擦阻力,根据弹头部形状不同,其阻力表达式也不同,大概可分为半球形弹头、卵形弹头和锥形弹头 3 种,如图 7 - 58 所示。

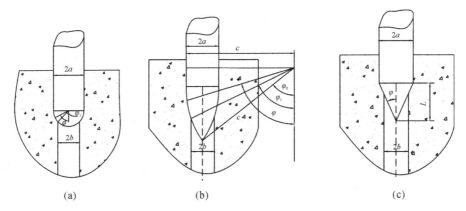

图 7 - 58　不同形状弹头弹靶示意图

(a)半球形弹头弹靶示意图;(b) 卵形弹头弹靶示意图;(c)锥形弹头弹靶示意图

(1)半球形弹头。半球形头部的后级侵彻战斗部侵彻预损伤混凝土的弹靶关系如图 7 - 58(a)所示。弹体直径为 $2a$,混凝土与弹体头部开始接触的空腔截面直径为 $2b$,$\varphi_1 = \arcsin \dfrac{b}{a}$。

作用在弹头的表面法向力为

$$\mathrm{d}F_n = 2\pi a^2 \sin\varphi \sigma_n \mathrm{d}\varphi \tag{7 - 92}$$

作用在弹头的表面切向力为

$$dF_\tau = 2\pi a^2 \sin\varphi \mu \sigma_n d\varphi$$

作用在弹头的轴向合阻力为

$$dF = dF_n \cos\varphi + dF_\tau \sin\varphi \qquad (7-93)$$

弹头受力只能是弹靶接触部分,因此,弹头阻力为从 φ_1 到 $\pi/2$ 对弹靶接触部分进行积分,则有

$$F = \pi \int_{\varphi_1}^{\frac{\pi}{2}} \sigma_n (\sin 2\varphi + 2\mu \sin^2\varphi) \, d\varphi \qquad (7-94)$$

式中:σ_n 为侵彻时弹头微元所受的径向应力,它可以根据空腔膨胀理论近似给出,即

$$\sigma_n = A + Bv^2 \cos^2\varphi \qquad (7-95)$$

式中:A 和 B 为弹靶系统的常数;v 为弹丸速度;φ 为弹丸表面处位置角。

(2)卵形弹头。卵形弹头的后级侵彻战斗部侵彻预损伤混凝土的弹靶关系如图 7-58(b)所示。弹体直径为 $2a$,混凝土与弹体头部开始接触的空腔截面直径为 $2b$,头部曲率半径为 c,头部形状系数 $\psi = c/(2a)$,初始参数为

$$\sin\varphi_0 = \frac{c-a}{c} = 1 - \frac{1}{2\psi} \qquad (7-96)$$

作用在弹头的表面法向力为

$$dF_n = 2\pi c^2 (\sin\varphi - \sin\varphi_0) \sigma_n d\varphi \qquad (7-97)$$

作用在弹头的表面切向力为

$$dF_\tau = 2\pi c^2 (\sin\varphi - \sin\varphi_0) u\sigma_n d\varphi \qquad (7-98)$$

弹体阻力为图 7-58(b)中所示的从 φ_1 到 $\pi/2$ 对弹靶接触部分进行的积分,作用在弹头轴向合阻力为

$$F = 2\pi c^2 \int_{\varphi_1}^{\frac{\pi}{2}} \sigma_n (\sin\varphi - \sin\varphi_0) (\cos\varphi - u\sin\varphi_0) \, d\varphi \qquad (7-99)$$

式中:σ_n 为侵彻时弹头微元所受的径向应力。

(3)锥形弹头。锥形头部的后级侵彻战斗部侵彻预损伤混凝土的弹靶关系如图 7-58(c)所示。弹体直径为 $2a$,混凝土与弹体头部开始接触的空腔截面直径为 $2b$,头部半锥为 φ。

作用在弹头的表面法向力为

$$dF_n = 2\pi l \tan\varphi \sigma_n dl / \cos\varphi \qquad (7-100)$$

作用在弹头的表面切向力为

$$dF_\tau = 2\pi l \tan\varphi u\sigma_n dl / \cos\varphi \qquad (7-101)$$

作用在弹体的轴向合阻力为

$$dF = dF_n \sin\varphi + dF_\tau \cos\varphi \qquad (7-102)$$

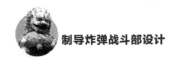

弹丸阻力为从 $b/\tan\varphi$ 到 $a/\tan\varphi$ 对弹靶接触部分进行积分,则有

$$F = 2\pi c^2 \int_{b\tan\varphi}^{a\tan\varphi} l\sigma_n (\tan^2\varphi + u\tan\varphi)\,\mathrm{d}l \qquad (7-103)$$

式中:σ_n 为侵彻时弹头微元所受的径向应力。

3 种头部形状的弹体阻力积分表达式的积分下限中含有截面半径 b,对不同孔形给出截面半径随深度的函数关系,即可求出弹体阻力。

3.后级侵彻战斗部侵彻圆柱形孔预损伤混凝土计算分析

(1)弹靶关系及相对侵彻深度定义。后级侵彻战斗部侵彻圆柱形孔预损伤混凝土的弹靶关系如图 7-59 所示。

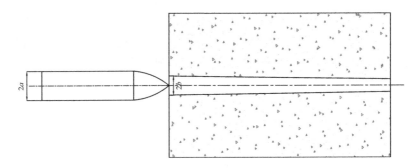

图 7-59 后级侵彻战斗部侵彻圆柱形预损伤混凝土的弹靶关系图

直径为 $2a$ 的后级侵彻战斗部侵彻带有直径为 $2b$ 孔的预损伤混凝土。定义相对半径 $R = b/a$。弹体对无限厚预损伤混凝土的侵彻深度为 $x(R)$,同时定义相对侵彻深度为

$$X = \frac{x(R)}{x(R=0)} \qquad (7-104)$$

(2)侵彻阻力表达式。

1)球形弹头阻力。经过积分得

$$\left.\begin{aligned}
F &= \alpha + \beta v^2 \\
\alpha &= \pi a^2 A\left[(1-R^2) + u\left(\frac{\pi}{2} - \arcsin R + R\sqrt{1-R^2}\right)\right] \\
\beta &= \frac{\pi a^2 B}{8}\left\{4(1-R^2)^2 + u[\pi - 2\arcsin R + 2R\sqrt{1-R^2}(1-2R^2)]\right\}
\end{aligned}\right\}$$

$$(7-105)$$

2)卵形弹头阻力。经过积分得

$$F = \alpha + \beta v^2$$

$$\alpha = \pi a^2 A \left(\begin{aligned} &1 - R^2 + u\left\{ 4\psi^2 \left[\frac{\pi}{2} - \arcsin\left(1 - \frac{1-R}{2\psi}\right) \right] + \right.\\ &(1 + R - 2\psi)\sqrt{(1-R^2)(4\psi - 1 + R)}\} \end{aligned} \right)$$

$$\beta = \frac{\pi a^2 B \psi^2}{6} \left\{ \begin{aligned} &12(1 - \sin^2\varphi_1)^2 - 16\sin\varphi_0(2 - 3\sin\varphi_1) +\\ &u\left[3\pi - 6\varphi_1 + 2(3\sin\varphi_1 - 6\sin^3\varphi_1 - 8\sin\varphi_0)\sqrt{1 - \sin\varphi_1}\right] \end{aligned} \right\}$$

$$(7-106)$$

3）锥形弹头阻力。经过积分得

$$\left. \begin{aligned} F &= \alpha + \beta v^2\\ \alpha &= \pi a^2 A(1 - R^2)(1 + u/\tan\varphi)\\ \beta &= \pi a^2 B \sin^2\varphi(1 - R^2)(1 + u/\tan\varphi) \end{aligned} \right\} \qquad (7-107)$$

（3）侵彻深度。分别将上述公式代入，可获得侵彻深度解析解为

$$x = \frac{M}{2\beta} \ln\left(1 + \frac{\beta}{\alpha} v_0^2\right)$$

4.损伤区强度对侵彻深度的影响分析

针对混凝土强度在射流侵彻后的强度弱化问题，可将修正 Forrestal 经验公式中的 s 变为 s_n，则有

$$s_n = s(-0.446\,5\ln n + 1), n \geqslant 2 \qquad (7-108)$$

式中：n 为侵彻次数。当 $n = 2$ 时，$s_2 = 0.609\,5$。

预损伤混凝土存在一个强度变化区域，在以前的计算模型（无强度弱化）中均采用常数，这与实际损伤区的强度变化不相符，强度随距离的变化因损伤模式的不同可以有不同的损伤模型。损伤区强度变化曲线有凸曲线、直线、凹曲线三种情况（见图 7-60）：凸曲线表示损伤近区的强度变化较大；直线表示整个损伤区的强度线性变化；凹曲线表示损伤远区的强度变化较大，实际情况为凹曲线比较少见。

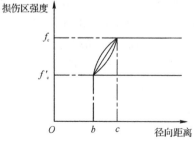

图 7-60　损伤区强度沿径向距离的变化

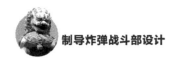

假设损伤区强度变化为线性变化,预侵彻半径 b 处强度为 $k_c Sf_c$,c 处为未损伤区,强度为 Sf_c,强度表达式为

$$\sigma(r) = \begin{cases} 0, 0 \leqslant r < b \\ \left[k_c + \dfrac{r-b}{c-b}(1-k_c) \right] Sf_c, b \leqslant r \leqslant c \\ Sf_c, r > c \end{cases} \quad (7-109)$$

对于预损伤孔形不同,头部形状不同,混凝土弱化对侵彻深度的影响也不同,作为初步分析,下面只对卵形头部二级侵彻战斗部侵彻圆柱形孔预损伤混凝土进行分析。

对于卵形弹,当 $c \geqslant a$ 时,有

$$A(\varphi) = \left[k_c + \frac{2a\psi(\sin\varphi - 1) + a - b}{c-b}(1-k_c) \right] Sf_c, \ \varphi_1 \leqslant \varphi \leqslant \frac{\pi}{2} \quad (7-110)$$

当 $c < a$ 时,有

$$A(\varphi) = \begin{cases} \left[k_c + \dfrac{2a\psi(\sin\varphi - 1) + a - b}{c-b}(1-k_c) \right] Sf_c, \ \varphi_1 \leqslant \varphi \leqslant \varphi_2 \\ Sf_c, \varphi_1 \leqslant \varphi < \dfrac{\pi}{2} \end{cases} \quad (7-111)$$

$$\varphi_2 = \arcsin\left(\frac{s-a+c}{s} \right) \quad (7-112)$$

需要说明的是,c 的大小与初次侵彻条件有关。采用线性弱化区的计算结果更接近试验,更合理。其他头部形状的二级侵彻战斗部可根据上述算法进行计算。

7.2.5 前后级匹配设计

串联侵彻战斗部是由前级聚能装药和后级侵彻战斗部组成的,对于串联战斗部来说,要使其发挥最大的作战效能,设计时应将前级聚能装药和后级侵彻战斗部进行有效的匹配,即前级聚能装药获得合适孔径、深度的预损伤孔能够和后级侵彻战斗部的侵彻深度匹配起来,实现串联侵彻战斗部的匹配设计。

下面将结合上述内容建立串联侵彻战斗部对混凝土/钢筋混凝土的侵彻模型,并对串联侵彻战斗部前、后级匹配性设计进行分析,主要开展前级装药作用产生的爆轰场对后级侵彻战斗部的影响分析。

1.串联战斗部侵彻模型

串联侵彻战斗部对钢筋混凝土的侵彻,按前级聚能装药对钢筋混凝土的侵

彻深度 P_1 和后级侵彻战斗部对钢筋混凝土的侵彻深度 P_2 的相互关系,可分为如图 7-61(a)(b)所示的两种情况。前级聚能装药对钢筋混凝土的侵彻为图 7-61 中的虚线轮廓,后级侵彻战斗部对钢筋混凝土的侵彻为图 7-61 中的实线轮廓。

因此串联侵彻战斗部的侵彻模型可按以下两种情况进行描述。

(1)对于 a 情况,即 $P_2 \leqslant P_1$,串联侵彻战斗部的侵彻穿深可表示为

$$P = P_1 \tag{7-113}$$

此种情况下后级侵彻战斗部在钢筋混凝土介质中爆炸,通常介质中爆炸形成的冲击波压力大于其在空气中或介质表面爆炸形成的超压,且作用时间更长。钢筋混凝土靶中的爆炸威力主要来自爆轰形成的冲击波超压及其对目标的破坏,如崩落、抛掷、目标介质的震动等。

(2)对于 b 情况,即 $P_2 > P_1$,串联侵彻战斗部的侵彻穿深分为两个阶段,可表示为

$$P = P_1 + P_2' \tag{7-114}$$

式中:P_2' 为后级侵彻战斗部在对 P_1 段预损伤钢筋混凝土侵彻后继续侵彻钢筋混凝土的侵彻深度。P_2' 的计算可直接采用 Forrestal 模型。

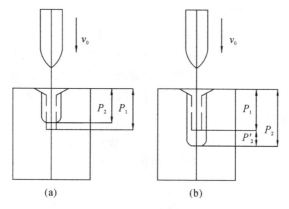

图 7-61　串联侵彻模型示意图

对于预损伤孔径等于或大于后级侵彻战斗部直径的情况,侵彻深度为由后级侵彻战斗部以初速 v_0 侵彻钢筋混凝土的深度 P_2' 与 P_1 的总和。

2.前级爆轰场对后级的影响关系

串联侵彻战斗部前级对后级的影响包括:①在前级大药量的聚能装药爆炸后,其爆炸冲击波损坏后级侵彻战斗部壳体,甚至引爆后级装药;②冲击波和爆

炸产物作用在弹体上形成的冲量,对后级侵彻战斗部具有降速作用,甚至可能引起后级侵彻战斗部姿态的改变。因而串联侵彻战斗部前、后级协调匹配技术非常重要,主要有以下两点作用:①确保前级聚能装药爆炸破孔,解决好前级爆炸场强的隔爆泄露技术,减小对后级侵彻战斗部的干扰;②确保后级侵彻战斗部装药安定,有足够前冲动力,100%实现随进爆炸功能。

串联侵彻战斗部主要利用前级破孔,后级侵彻战斗部随进一定深度延时或随机爆炸,对跑道、岩体工事进行高效毁伤。其典型结构如图7-62所示。

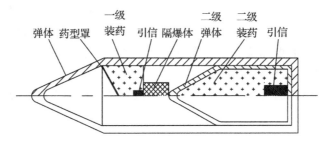

图 7-62 两级串联侵彻战斗部

将两级串联侵彻战斗部结构简化成如图7-63所示的模型,并做以下假设:

(1)上述四部分是紧密相连的;

(2)整个作用过程是一维平面冲击波作用过程;

(3)在一个很短的时间内,爆轰波面后的参数近似地看成C-J参数相等。

后级装药的安定性的计算主要是对前级装药爆轰波在隔板、后级壳体介质中的传播、衰减以及进入后级装药的过程进行分析,评判其冲击波峰值压力是否达到炸药的临界起爆压力。

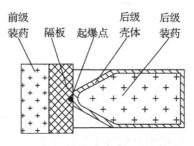

图 7-63 一维冲击波传播简化模型

在第一级装药爆轰后所产生的爆轰波作用于隔板,在隔板中透射冲击波,隔板的入射冲击波的动力学参量为

$$u_1 = \frac{D}{\gamma+1}\left\{1 + \frac{2\gamma}{\gamma-1}\left[1 - \left(\frac{p_1}{p_H}\right)^{\frac{\gamma-1}{2\gamma}}\right]\right\} \qquad (7-115)$$

$$p_1 = \rho_{01}(a_1 + b_1 u_1) u_1 \qquad (7-116)$$

式中：D 为爆速；p_H 为爆压；ρ_{01} 为隔板初始密度；γ 为多方指数；p_1 为隔板入射冲击波超压；u_1 为质点速度；a_1，b_1 为常数。

　　冲击波在各种材料中的衰减规律都比较复杂，一般采用相关经验关系式，即冲击波的衰减规律近似符合指数衰减规律：

$$p_x = p_0 \exp(-kx) \qquad (7-117)$$

式中：p_x 为隔板中距离分界面 x 处的冲击波峰值压力；p_0 为初始压力；k 为衰减系数；x 为冲击波阵面在材料中的传播距离（离初始分界面）。

　　在隔板（Ⅰ）与后级壳体（Ⅱ）界面以及后级壳体与后级装药（Ⅲ）界面的相互作用中，界面处的动力学参量可根据阻抗匹配原理，结合界面连续条件，在 u-p 平面内作图求解。隔板、后级壳体及后级装药的 u-p 曲线方程分别为

$$p = \rho_{0i}(a_i + b_i u_i) u_i, \quad i = 1,2,3 \qquad (7-118)$$

式中：$i = 1,2,3$ 分别对应隔板、后级壳体和后级装药，参数意义同前。

　　图 7-64 作图求解了后级装药的入射冲击压力。图中曲线Ⅰ、Ⅱ、Ⅲ分别是隔板、后级壳体、后级装药介质的冲击 Hugoniot 曲线，曲线Ⅰ′是曲线Ⅰ关于 L 点的镜像对称线。L 点对应隔板中冲击波的输出动力学参量，由式(7-115)～式(7-117)求出。曲线Ⅱ与Ⅰ′的交点 M 即对应后级壳体介质的初始动力学参量。曲线Ⅱ′是曲线Ⅱ关于 M' 点的镜像对称线。M' 点对应后级壳体材料中冲击波的输出动力学参量，由 M 点及式(7-118)求出。曲线Ⅲ与Ⅱ′的交点 N 即对应后级装药介质的初始动力学参量。将后级装药峰值压力 p_n 与凝聚炸药冲击起爆压力阈值 p_c 进行比较，即可评判后级装药的安定性。

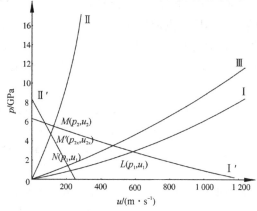

图 7-64　后级装药的入射冲击压力求解图

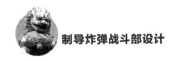

冲击波正压持续时间计算公式为

$$\frac{t_d}{W^{1/3}} = \frac{980\left[1+\left(\dfrac{Z}{0.54}\right)^{10}\right]}{\left[1+\left(\dfrac{Z}{0.02}\right)^{3}\right]\left[1+\left(\dfrac{Z}{0.74}\right)^{6}\right]\sqrt{1+\left(\dfrac{Z}{6.9}\right)^{2}}}$$ (7-119)

式中：Z 为装药中心与后级壳体的比例距离；W 为炸药的 TNT 当量。

由动量定理，后级侵彻战斗部（包括后级壳体及装药）速度降的表达式为

$$\Delta v = \frac{p_2 S t_d}{m_p}$$ (7-120)

式中：p_2 为作用在后级侵彻战斗部壳体上的冲击波压力；S 为后级侵彻战斗部的横截面积；m_p 为后级侵彻战斗部质量。

7.3 云爆战斗部设计

云爆弹，也称燃料空气炸弹，按照起爆方式的不同，可分为一次起爆型和二次起爆型，现阶段研究较多的是二次起爆型云爆弹。其作用原理是利用中心装填的抛撒药爆炸将云爆剂（燃料）进行抛撒分散并与空气混合，形成燃料空气云团。当燃料空气云团膨胀扩散达到理想爆轰条件后，通过二次起爆装置起爆燃料空气云团，形成大范围爆轰作用，能够用于杀伤、破坏隐蔽在复杂地形、半密闭军事建筑群、地面防御工事中的敌方人员和设备设施，同时也可打击兵力集结点、小型舰船、民用建筑、停机坪上的飞机及中小型技术兵器阵地等软、中硬目标。

与装填猛炸药的常规弹药相比，云爆弹具有以下特点。

（1）受地形影响小。不同于点源爆炸弹药，目标躲藏在掩体和障碍物后面可降低杀伤概率，云爆弹是面源爆炸，云团可覆盖山地、丛林、岛礁等复杂地形目标，深入到洞穴、地堡、壕沟、房屋等半密闭空间爆炸，形成"全覆盖、无死角"毁伤。

（2）爆炸毁伤威力大。云爆弹爆炸产生的爆轰波超压持续时间长、冲量大、综合毁伤威力高，爆炸威力可达到约 4～6 倍 TNT 当量。

（3）性价比高。云爆剂的主要原材料是普通化工燃料，材料来源广、价格低、装备工艺简单、物化性能稳定。

云爆弹近年来倍受世界各国重视，美、俄等军事大国装备的云爆弹包括制导和非制导型，质量从千克级到数千千克级。近年来在伊拉克、阿富汗、车臣、叙利

亚等几场局部战争中,云爆弹均有实战使用。

7.3.1　发展概述

国外航空云爆弹已实现从小圆径向重型再到巨型的演变,云爆剂已实现从纯液态到固液混合的转变,药剂的威力更大,稳定性更高。

1.云爆剂

自 20 世纪 60 年代至今,云爆剂主要经历了下述 3 个发展阶段。

第一代云爆剂主要以环氧乙烷等环氧烃类液体燃料为主,装备于适用直升机或低速飞机投放的航空炸弹。美国于 20 世纪 60 年代研制的 CBU - 55B 航空云爆弹就是该类云爆剂应用的典型产品,并在越南战争中首次投入使用。但由于环氧乙烷易挥发,且有较大的毒性,在储存过程中易出现分子聚合现象,现已被第二代云爆剂所取代。

第二代云爆剂主要以环氧丙烷、戊二烯为主。与第一代云爆剂相比,第二代云爆剂改善了理化和安全性能,可适用于高速投放,扩大了云爆剂的使用范围。美国基于环氧丙烷液体燃料研发了一批云爆弹武器装备部队,并在海湾战争中大量投入使用,取得了很好的作战效果,目前环氧丙烷液体燃料仍是美国在役云爆弹装备的主体燃料。

俄罗斯第二代云爆剂的研制结合自己的国情及已有技术水平,以戊二烯等石化产品和石化副产品为云爆剂的主要原材料,其理化性能与美国的环氧丙烷相当,目前俄罗斯装备的云爆弹装备仍以该类云爆剂为主。

第三代云爆剂为液固混合型,在液体燃料中添加高热值金属粉,可大幅度增加云爆剂的装填密度和能量密度,提高云爆剂的综合毁伤威力。代表产品为俄罗斯"炸弹之父"装填的含纳米铝粉高能云爆剂。

2.云爆弹

(1)美国。美国自 20 世纪 60 年代开始研制航空云爆弹,最初的云爆弹为子母式结构,适用于低速载机投放,便于云爆剂抛撒形成云团,代表型号为 CBU - 55/72 航空云爆弹,如图 7 - 65 所示。

图 7 - 65　美国 CBU - 72 云爆弹

　　由于子母式结构及低速投放方式限制了云爆武器的应用,所以美国通过开展云爆剂和云爆控制技术研究,自 20 世纪 70 年代开始形成了能够适合战斗机、轰炸机、火箭弹、导弹等多平台高速投放的第二代云爆弹。美国目前装备的两次引爆型云爆弹大多属于第二代产品的改进型,其中最具代表性的是 BLU - 96,该弹为整体式云爆弹,重 2 000 lb,装填 635 kg 液态环氧丙烷,落速可达 200～300 m/s。

　　BLU - 96 云爆弹外形如图 7 - 66 所示,作用过程如图 7 - 67 所示。

图 7 - 66　美国 BLU - 96 云爆弹

图 7 - 67　美国 BLU - 96 云爆弹的作用过程

(a)炸弹飞行终点状态；(b)云爆剂抛撒；(c)云团形成；(d)云团起爆

　　(2)俄罗斯。从 20 世纪 70 年代起,苏联开始研制云爆弹,并很快装备部队,最具代表性的为 ОДАБ - 500П 航空云爆弹,该弹重 520 kg,长 2.28 m,弹径为 500 mm,内装 193 kg 戊二烯,尾部有降落伞减速装置,由战斗机投放,投弹高度为 200～1 000 m,投弹速度为 500～1 100 km/h,爆炸中心超压峰值可达 3 MPa,毁伤半径为 30 m。其外形如图 7 - 68 所示,爆炸场面如图 7 - 69 所示。

图 7 - 68　俄罗斯 ОДАБ - 500П 云爆弹

图 7 - 69　俄罗斯在叙利亚使用 ОДАБ - 500П 爆炸场面

　　俄罗斯 2007 年研制的 FOAB 巨型航空云爆弹毁伤半径为 300 m,爆炸威力相当于"炸弹之母"的 4 倍。FOAB 云爆弹外形结构及威力试验情况如图 7 - 70 和图 7 - 71 所示。

图 7 - 70　俄罗斯 FOAB 巨型航空云爆弹外形结构

图 7 - 71　FOAB 巨型航空云爆弹威力试验前后建筑物毁伤情况

　　国外典型云爆弹装备见表 7 - 14。

表 7 - 14　国外典型云爆弹装备

序　号	型　号	国　家	弹种及类型	发射平台	质量与装药/kg	主要性能参数
1	CBU - 55/B	美国	子母型航弹,含 3 枚子弹药	直升机、低速飞机	弹重 232/227,含环氧乙烷 97.2	弹长为 2 400 mm,弹径为 256 mm
2	CBU - 72	美国	子母型航弹,含 3 枚子弹药	直升机、低速飞机	弹重 250,含环氧乙烷 99	弹长为 2 174 mm,弹径为 355.6 mm
3	BLU - 76/B	美国	航弹	战斗机	弹重 1 130,含环氧乙烷 1 020	—
4	BLU - 95/B	美国	航弹	战斗机	弹重 225,含环氧丙烷 136	—
5	BLU - 96/B	美国	电视制导航弹	战斗机	弹重 900,含环氧丙烷 635	—
6	ОДАБ - 500П	俄罗斯	航弹	战斗机、轰炸机	弹重 520,含间戊二烯 193	弹长为 2 280 mm,弹径为 500 mm,中心爆压为 3 MPa,毁伤半径为 30 m
7	KAB - 500 - OD - E	俄罗斯	电视/激光航弹	战斗机、轰炸机	弹重 370,含云爆燃料 140	弹长为 3 050 mm,弹径为 350 mm,杀伤半径为 25～30 m
8	KAB - 1500 - OD - E	俄罗斯	电视/激光制导航弹	战斗机、轰炸机	弹重 1 450,含云爆燃料 650	弹长为 4 240 mm,弹径为 580 mm
9	FOAB	俄罗斯	航弹	轰炸机	弹重 8 600,含纳米铝粉高能燃料 7 100	云团直径为 100～120 m,TNT 当量约为 44 t,毁伤半径为 300 m

3.航空云爆武器发展趋势

(1)云爆弹圆径由小向大发展,云爆剂最大装药量达数吨以上。云爆弹的威力和作战效能与其装药量紧密相关。在 20 世纪 60 年代,云爆弹装药量不足 100 kg,如美国 CBU - 55/B 的总装药量仅为 97.2 kg。经过多年发展,截至 2007 年,俄罗斯的"炸弹之父"装药量已达到 7 100 kg。由此可见,不断突破大药量云爆弹技术,提高常规战略威慑能力,是国外发展航空云爆弹的目标之一。

(2)整体式云爆战斗部技术发展迅速,作用可靠性大幅提高。在航空云爆弹研究之初,由于云爆剂抛撒技术的限制,大药量云爆剂抛撒技术没有突破,采用了子母式战斗部结构。但是,由于子母式云爆弹的结构及作用过程较为复杂,所

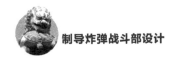

以导致装药量、作战效能和作用可靠性均受到较大影响。因此,各国在后续的研究中大力发展整体式云爆弹技术,自20世纪80年代后,新装备的云爆弹主要采用整体式战斗部结构,典型代表如俄罗斯的ОДАБ-500П、FOAB,美国的BLU-96等。

(3)云爆剂由液态向液固混合型发展,云爆剂的能量密度得到了极大提升。最初,云爆弹装药主要是以易燃、易挥发的液态燃料为主,该类燃料的化学性质非常活跃,存在能量密度低、易挥发、环境适应性差等问题。随着云爆武器使用范围的不断扩大,对其综合性能的要求也在不断提高,不仅要求武器具有高威力,同时也要求武器系统安全,易于生产、运输和长期储存。因此,几十年来云爆剂已从当初的单一可燃液体向多组分发展,高能炸药与高能金属粉作为云爆剂的重要组分被广泛使用,云爆剂的形态也从液态向液固复合态/固态发展。其中,美国开展的云爆剂凝胶化研究,以及俄罗斯在液态燃料中加入新型含纳米金属高能燃料技术,解决了液固混合型云爆剂的抛撒和环境适应性问题,大幅提升了云爆剂的能量密度及其爆炸威力。

7.3.2 云爆战斗部结构设计

云爆战斗部按照结构可分为子母式云爆战斗部和整体式云爆战斗部,其结构一般包括云爆剂、抛撒装药、一次引信、二次引信、战斗部壳体以及减速伞等部件。

1.子母式云爆战斗部

(1)系统构成。子母式云爆战斗部由一个母弹和若干个子弹组成(见图7-72),母弹开舱将子弹抛出,子弹独自完成爆炸过程。

图7-72 俄罗斯KMG-U子母式云爆弹

子母式云爆战斗部的作用过程如下：飞机到达预定空域，投放炸弹，弹体离机，到达一定高度后弹簧引导伞弹出（见图7-73），弹簧引导伞连接带拉直并且张开，拉动主伞带动子弹出舱（见图7-74），子弹出舱后又带动下级子弹引导伞，按同一步骤将下级子弹拉出（见图7-75），两子弹出舱后经过主伞调姿、减速，处于待发状态。

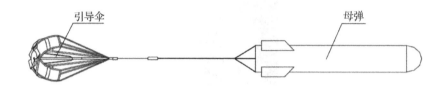

图7-73　引导伞弹出

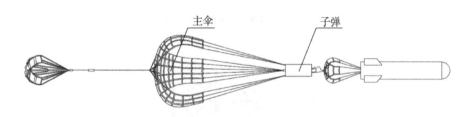

图7-74　子弹出舱过程

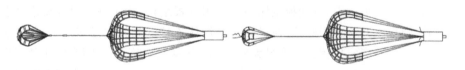

图7-75　伞绳拉直和伞衣充满过程

子弹继续下落，当一次引信触及目标、感受到一定过载时，惯性开关闭合，一次引信作用，引爆子炸弹的抛撒装药，抛撒云爆剂，形成云团，经设定延时，二次引信作用，起爆二次起爆装药，引爆燃料空气云团，形成爆轰。

（2）结构设计。子母式云爆弹子弹壳体结构主要由筒体、上端板、下端板、中心爆管和加强杆等零部件组成，如图7-76所示。

上端板、筒体和下端板通过焊接密封，中间设有中心爆管，管内装有中心抛撒药柱，用于抛撒云爆剂形成燃料空气云团。

1）筒体。筒体一般采用薄壁钢板卷圆，再将其纵向接缝对焊而成。为保证云爆剂分散的均匀性，沿筒体轴向刻槽（内外表面均可），一般在环向均匀刻制，刻槽形状一般为"V"形，槽深约为筒体壁厚的1/3。常在钢板上刻槽后再进行卷

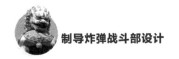

圆焊接,钢板刻槽结构如图 7-77 所示。

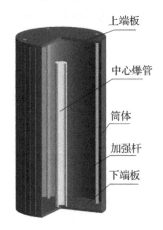

图 7-76　战斗部壳体结构示意图

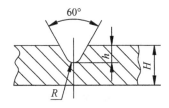

图 7-77　钢板刻槽结构示意图

2)上、下端板。上、下端板主体一般采用圆板结构,为了满足设计要求和装配要求,圆板上开有若干圆孔,通过焊接与筒体连接。为控制云雾形态,保证云雾具有较大的直径,发挥云爆弹最大威力,上、下端板强度要高于筒体,迫使云爆剂先从强度较弱的筒体喷射而出,形成扁平状云团。为了保证二次起爆的可靠性,中心抛撒药作用时上端板因爆炸作用可能干扰二次起爆装置,因此,上端板应采用预置破片控制技术,如图 7-78 所示。通过在上端板预置刻槽,可控制上端板破片运动轨迹偏离弹体正上方的二次起爆装置。

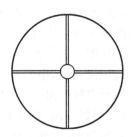

图 7-78　上端板结构示意图

3)中心爆管。中心爆管主要由管壳、抛撒药和尾盖组成。为获得理想的云团,管壳要求壁厚均匀,且壁厚越薄,材料越脆,对云爆剂分散越有利。管壳一般采用无缝钢管,内壁作表面处理,尾盖与管壳通过焊接封口,另一端通过焊接与下端板连接,中心爆管如图 7-79 所示。

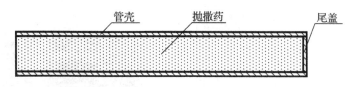

图 7-79　中心爆管结构示意图

2.整体式云爆战斗部

(1)系统构成。整体式云爆战斗部具有结构简单、作用过程可靠、装药率高等特点,俄罗斯的 ОДАБ-500П 整体式二次起爆型云爆弹是整体式云爆弹的典型代表,ОДАБ-500П 全弹重 466 kg,弹长为 2 280 mm,壳体厚度为 10 mm,弹内装填戊二烯液态燃料 245 kg,对有生力量杀伤面积为 1 779 m²,对停机坪上的飞机杀伤面积为 2 640 m²。

该弹主要由弹头、战斗部和弹尾组成。弹头为铸钢件,外表面为拱形,内腔安装有一次引信等组件;战斗部主要由下端板、壳体、抛撒装置和云爆剂组成;弹尾内腔安装有减速伞及二次起爆装置。ОДАБ-500П 云爆弹结构如图 7-80 所示。

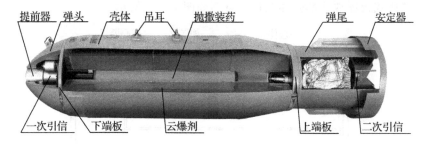

图 7-80　俄罗斯 ОДАБ-500П 整体式云爆弹结构简图

(2)战斗部作用过程。ОДАБ-500П 整体式云爆战斗部的作用过程如下:飞机到达预定空域,投放炸弹,炸弹自主飞行,二起爆装置随减速伞被抛出,当提前器触碰到目标,感受到一定过载时,一次引信作用,中心/周边抛撒装药起爆抛撒云爆剂形成云团,经约 200 ms 延时,二次起爆装置作用引爆云团,如图 7-81

所示。

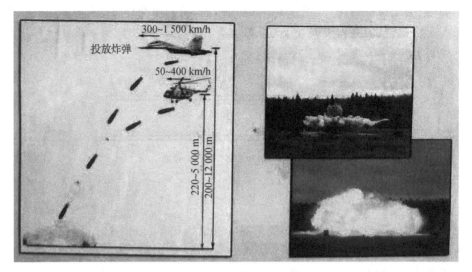

图 7-81 整体式云爆战斗部作用过程

（3）结构设计。整体式云爆战斗部与子母式云爆子弹壳体最大的区别在于壳体强度高。战斗部壳体一般由简体、加强板、中心爆管等组成，强度比较高，且结构不对称，只依靠战斗部 1% 左右的抛撒装药无法实现整体式云爆战斗部的破壳和云爆剂的有效分散，必然影响云爆战斗部威力的发挥，必须采取相应的破壳措施。

整体式云爆战斗部壳体结构示意图如图 7-82 所示。

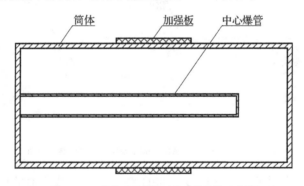

图 7-82 整体式云爆战斗部壳体结构示意图

为减少战斗部壳体对燃料分散的约束作用，可采取加强破壳能力或降低壳体强度的方法，具体方法有以下 3 种：①增加周边辅助抛撒装置；②采用聚能切割方法在抛撒云爆剂前切割弹体;③在壳体内表面或外表面进行预置刻槽,刻槽数量和深度由壳体强度及材料、厚度等确定。

1)增加周边辅助抛撒装置。为了加强破壳能力,在筒体周边均布多个辅助抛撒装置,辅助抛撒装置的数量及装药量根据筒体直径和壁厚决定。周边辅助抛撒装置示意图如图 7-83 所示。

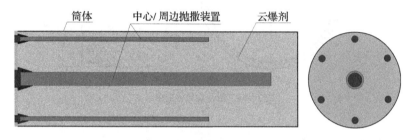

图 7-83　周边辅助抛撒装置示意图

2)聚能切割开壳。聚能切割开壳是依据战斗部的直径大小,沿战斗部筒体圆周均匀布设 4～6 个切割器,切割器布置如图 7-84 所示。

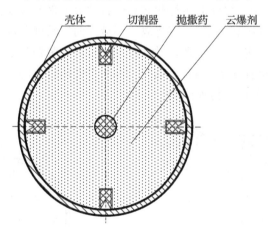

图 7-84　切割器布置示意图

3)预置刻槽。预置刻槽处理与子母式云爆战斗部子弹壳体处理方法一样(见图 7-85),沿壳体轴向均匀刻"V"形槽,一般在壳体内表面,数量根据壳体直径而定,考虑到刻槽对战斗部强度的影响,刻槽深度一般不超过壳体厚度的1/3。

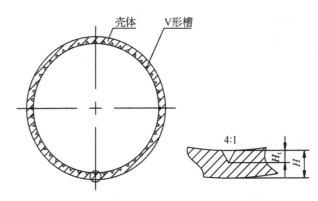

图 7-85 战斗部壳体刻槽形式

3.云爆剂装药设计

由于云爆弹的结构基本采用简单圆筒形结构,装填云爆剂一般为内部空腔的 95% 左右,在运输、储存和勤务过程中可能由于预留的空间导致云爆战斗部质心发生变化,影响云爆弹的飞行状态和燃料的分散爆轰性能。因此,云爆战斗部装药一般采用分区装药结构,即将战斗部沿周向等角度分区,分区数目根据武器对偏心的要求而定,分区越多,弹体偏心越小,对于装药量小的云爆战斗部,亦可在战斗部中心位置处增加隔板,减少云爆剂在壳体内部的晃动,避免战斗部质心发生变化,弹体分区结构如图 7-86 所示。

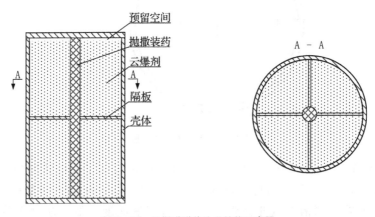

图 7-86 云爆弹弹体分区结构示意图

(1)抛撒装药设计。由云爆战斗部的原理可知,在中心抛撒装药的爆炸作用下,云爆剂被抛撒形成燃料空气云团,在此过程中云爆剂若抛撒药量设计不合理,极易发生云爆剂燃烧,俗称"窜火"。由于"窜火"现象发生在二次起爆之前,所以云爆剂在分散过程中就会部分或全部燃烧,二次起爆时云爆威力会大幅度下降。

云雾发生"窜火"现象须满足两个必要条件:一是可燃的燃料空气浓度,二是不小于此可燃浓度下的最小点火能量或点火温度。当云爆剂分散至可燃浓度的云雾时,抛撒装药的高温爆轰产物或火焰具有不小于此时云雾的最小点火温度或能量,从而导致云雾发生"窜火"现象。因此,"窜火"是燃料空气混合物和抛撒装药爆轰产物综合作用的结果。

为了防止云雾出现"窜火"现象,常采用"T"形装药和复合装药的抛撒装药结构。

"T"形抛撒装药结构(见图 7 – 87)通过设计直径不等的大、小药柱间隔装填,使得大药柱的爆轰波径向传播,改变传统的轴向传播方式,将爆炸能量主要分配到云爆剂的径向上,使得云爆剂在径向上得到充分分散,爆轰产物在径向上均匀分布,避免了传统起爆方式带来的爆轰产物过于集中在云雾顶端的弊端。另外,由于药柱间爆轰波的相互作用,"T"形抛撒装药对云雾形成湍流及云爆剂后续分散有利。

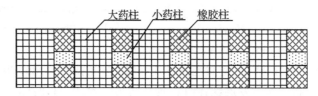

图 7 – 87　"T"形抛撒装药结构示意图

复合抛撒装药结构如图 7 – 88 所示,其设计基本思路仍然是使中心抛撒装药的爆轰波由轴向传播向径向传播改变,以实现理想云雾的结构尺寸,且能够实现云雾防"窜火"的要求。复合抛撒装药结构由爆速不等的两种高能炸药组成,其外层炸药为低爆速炸药,内层装药为高爆速炸药。

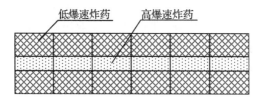

图 7 – 88　复合抛撒装药结构示意图

参考文献

[1] 唐奕,王建博,王燕.国外模块化制导航空炸弹发展概述[J].飞航导弹,2018(1):38-42.

[2] DARRAH M，NILAND W，STOLARIK B，et al. UAV cooperative task assignments for a SEADmission using genetic algorithms[C]// AIAA Guidance，Navigation，and Control Conference and Exhibit. Keystone，Colorado：AIAA，2006：6456.

[3] 汪国驹."宝石路"改型激光制导炸弹[J].激光技术,1985,9(3):64-65.

[4] 范金荣.制导炸弹发展综述[J].现代防御技术,2004,32(3):27-31.

[5] 吴琛,伍薇,郑云木.BLU-113A/B与等量集团装药爆炸效应研究[J].山西建筑,2006,32(13):79-80.

[6] 方向,张卫平,高振儒,等.武器弹药系统工程与设计[M].北京:国防工业出版社,2012.

[7] 黄正祥,肖强强,贾鑫,等.弹药设计概论[M].北京:国防工业出版社,2017.

[8] 徐学华.弹药系统工程[M].北京:兵器工业出版社,2005.

[9] 王儒策.弹药工程[M].北京:北京理工大学出版社,2005.

[10] 李向东,钱建平,曹兵,等.弹药概论[M].北京:国防工业出版社,2005.

[11] 徐文亮,何春,李朝君.侵彻爆破型战斗部侵彻性能总体评估系统研究[J].战术导弹技术,2013(1):93-100.

[12] 钱七虎,王明洋.岩土中的冲击爆炸效应[M].北京:国防工业出版社,2010.

[13] 高浩鹏,张姝红,金辉,等.一种爆破型战斗部近场非接触爆炸威力分析方法研究[J].爆破,2016,33(3):106-110.

[14] 宋丽萍,王华.美国精确制导侵彻钻地武器的发展[J].飞航导弹,2001(1):89-95.

[15] 王凤英,刘天生.毁伤理论与技术[M].北京:北京理工大学出版社,2009.

[16] 卢芳云,李翔宇,林玉亮.战斗部结构与原理[M].北京:科学出版社,2009.

[17] 裴扬,宋笔锋,李占科.爆炸冲击波对目标的毁伤概率算法研究[J].西北工业大学学报,2003,21(6):703-706.

[18] 王杨,郭则庆,姜孝海.冲击波超压峰值的数值计算[J].南京理工大学学报(自然科学版),2009,33(6):770-773.

[19] 尹峰,张亚栋,方秦.常规武器爆炸产生的破片及其破坏效应[J].解放军理工大学学报(自然科学版),2005,6(1):50-53.

[20] 安振涛,王超,甄建伟.常规弹药爆炸破片和冲击波作用规律理论研究[J].爆破,2012,29(1):15-18.

[21] 蒋浩征,周兰庭,蔡汉文.火箭战斗部设计原理[M].北京:国防工业出版社,1982.

[22] 王昕.美国不敏感混合炸药的发展现状[J].火炸药学报,2007,30(2):78-80.

[23] 马田,李鹏飞,周涛,等.钻地弹动能侵彻战斗部技术研究综述[J].飞航导弹,2018(4):91-94,100.

[24] 梁斌.动能攻坚战斗部对混凝土靶侵爆效应研究[D].绵阳:中国工程物理研究院,2009.

[25] 王策儒,赵国志.弹丸终点效应[M].北京:北京理工大学出版社,1990.

[26] 张春海.不敏感弹药:让士兵和武器更安全[J].现代军事学报,2006,24(2):12-14.

[27] 李记刚,王涛.战斗部对炸药装药的需求分析[J].弹箭与制导学报,2007,20:20-23.

[28] 李记刚,余文力,王涛.定向战斗部的研究现状与发展趋势[J].飞航导弹,2005,24(5):25-29.

[29] PARKER R P.USA Small-scale Cook-off Bomb (SCB) test[A]. Houston:Minutes of 21st Department of Defense Explosives Safety Board Explosives Safety Seminar,1984.

[30] 北京工业学院八系《爆炸及其作用》编写组.爆炸及其作用(下册)[M].北

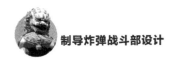
京:国防工业出版社,1979.

[31] 蒋浩征,周兰庭,蔡汉文.火箭战斗部设计原理[M].北京:国防工业出版社,1982.

[32] 王志军,伊建平.弹药学[M].北京:北京理工大学出版社,2005.

[33] 隋树元,王树山.终点效应学[M].北京:国防工业出版社,2000.

[34] 黄正祥,祖旭东.终点效应[M].北京:科学出版社,2014.

[35] KOCH A.A simple relation between the detonation velocity of an explosive and its Gurney energy[J].Propellants,Explosives,Pyrotechnics,2002,27(6):365-368.

[36] DANEL J F,KAZANDJIAN L.A few remarks about the Gurney energy of condensed explosives[J].Propellants,Explosives,Pyrotechnics,2004,29(5):314-316.

[37] 周旭.导弹毁伤效能试验与评估[M].北京:国防工业出版社,2014.

[38] 张宝平,张庆明,黄风雷.爆轰物理学[M].北京:兵器工业出版社,2001.

[39] 黄正祥.聚能装药理论与实践[M].北京:北京理工大学出版社,2014.

[40] 张自强.装甲防护技术基础[M].北京:兵器工业出版社,2000.

[41] FREW D J,HANCHAK S J,GREEN M L,et al.Penetration of concrete targets with ogive-nose steel rods[J].Int J Impact Engng,1998,21(6):489-497.

[42] 曹柏桢,蒋浩征.飞航导弹战斗部与引信[M].北京:宇航出版社,1995.

[43] 赵文宣.破甲弹设计原理[M].北京:北京工业学院出版社,1987.

[44] YOUNG C W. Penetration equations [J]. Office of Scientific & Technical Information Technical Reports,1997,33(1-12):837-846.

[45] 黄民荣.刚性弹体对混凝土靶的侵彻与贯穿机理研究[D].南京:南京理工大学,2011.

[46] 陈小伟.动能深侵彻弹的力学设计(Ⅰ):侵彻/穿甲理论和弹体壁厚分析[J].爆炸与冲击,2005,25(6):499-505.

[47] 陈小伟.动能深侵彻弹的力学设计(Ⅱ):弹靶的相关力学分析与实例[J].爆炸与冲击,2006,26(1):71-78.

[48] ALEKSEEVSKII V P. Penetration of a rod into a target at high velocity [J]. Combustion Explosion & Shock Waves,1966,2(2):63-66.

[49] TATE A. A theory for the deceleration of long rods after impact[J]. Journal of the Mechanics & Physics of Solids,1967,15(6):387-399.

[50] RUBIN M B,YARIN A L. On the relationship between phenomenolog-

ical models for elastic – viscoplastic metals and polymeric liquids[J].
Journal of Non – Newtonian Fluid Mechanics,1993,50(1):79 – 88.

［51］ TAKAHASHI Y ,UMEZAWA H . The general theory of the interaction representation,I:the local field[J]. Progress of Theoretical Physics,1953,9(1):14 – 32.

［52］ 陈旭光.钻地弹深/斜侵彻过程的快速算法研究[D].长沙:国防科学技术大学,2014.

［53］ RAMAN V,ATTALURI G,BARBER R, et al. DB2 with BLU acceleration:so much more than just a column store[J]. Proceedings of the Vldb Endowment,2013,6(11):1080 – 1091.

［54］ 王树有.串联侵彻战斗部对钢筋混凝土介质的侵彻机理[D].南京:南京理工大学,2006.

［55］ 王涛,余文力,王少龙 ,等. 国外钻地武器的现状与发展趋势[J]. 导弹与航天运载技术,2005(5):51 – 56.

［56］ 肖强强. 聚能装药对典型土壤/混凝土复合介质目标的侵彻研究[D]. 南京:南京理工大学,2012.

［57］ 臧晓京.英国的 BROACH 多战斗部系统[J].飞航导弹,1998,28(12):23 – 24.

［58］ 段建,杨黔龙,周刚,等. 串联随进战斗部侵彻混凝土靶实验研究[J]. 爆炸与冲击,2007,27(4):355 – 369.

［59］ 薛鑫莹. 某串联攻坚战斗部技术研究与实践[D]. 南京:南京理工大学,2012.

［60］ HUERTA M,VIGIL M G. Design,analysis,and field test of a 0.7 m conical shaped charge [J].International Journal of Impact Engineering,2006,32(8):1201 – 1213.

［61］ 黄正祥.聚能杆式侵彻体成型机理研究[D].南京:南京理工大学,2003.

［62］ 黄风雷,张雷雷,段卓平. 大锥角药型罩聚能装药侵彻混凝土试验研究[J]. 爆炸与冲击,2008,28(1):17 – 22.

［63］ 王树有,赵有守,陈惠武. 串联攻坚战斗部前级聚能装药研究[J]. 弹箭与制导学报,2005,25(3):501 – 503.

［64］ 潘旭超. 反钢筋混凝土目标套式串联战斗部作用机理研究[D].南京:南京理工大学,2012.

［65］ 薛鑫莹,景涛,李国邓. 聚能装药钛合金药型罩研究[J]. 弹箭与制导学报,2012,32(5):83 – 86.

[66] 沃尔特斯,朱卡斯.成型装药原理及其应用[D].王树魁,贝静芬,译.北京:兵器工业出版社,1992.

[67] 惠君明.FAE 燃料抛撒与云雾状态的控制[J].火炸药学报,1999,1:10-13.

[68] 张陶.FAE 整体型战斗部原理设计的探讨[D].南京:南京理工大学,2004.

[69] 白春华,梁慧敏,李建平,等.云雾爆轰[M].北京:科学出版社,2012.

[70] 郭学永,惠君明,解立峰.燃料爆炸抛撒过程的实验研究[J].高压物理学报,2005,19(2):120-126.

[71] 李定和.云爆弹云雾引信抛射轨迹的研究[J].兵工学报,1993,2:74-77.

[72] 杨东来,惠君明,雷贯华,等.燃料空气炸药武器对人员毁伤的研究[J].含能材料,2002,10(3):117-120.

[73] 高洪泉,卢芳云,王少龙,等.云爆弹结构对爆炸威力影响规律的试验研究[J].弹道学报,2010,22(4):58-61.

[74] 宋志东,李运华,周伦.壳体对云爆弹药燃料抛撒影响的仿真分析[J].系统仿真学报,2007,19(4):5868-5870.

[75] 蒲加顺,白春华,梁慧敏,等.多元混合燃料分散爆轰研究[J].火炸药学报,1998(1):1-5.

[76] 王晔,白春华,李建平,等.非对称云雾爆炸超压场数值模拟[J].兵工学报,2017,38(5):910-916.

[77] 贾飞.云爆剂抛撒对二次起爆型云爆弹威力的影响研究[D].南京:南京理工大学,2014.

[78] 王晔,白春华,李建平.动态云雾形成及爆轰场特性[J].含能材料,2017,25(6):466-471.

[79] 姚金侠,胥会祥,于海江,等.燃料空气炸药的发展现状及展望[J].飞航导弹,2014(2):85-89.

[80] 曹兵,郭锐,杜忠华,等.弹药设计理论[M].北京:北京理工大学出版社,2016.

[81] 郭锐.导弹末敏子弹总体相关技术研究[D].南京:南京理工大学,2006.

[82] 王鹏.反坦克导弹武器系统作战效能评估方法研究[D].长沙:国防科技大学,2009.

[83] 李刚.紧凑型末敏弹 EFP 战斗部技术研究[D].南京:南京理工大学,2006.

[84] 吴成.弹药战斗部设计[M].北京:北京理工大学出版社,2007.

[85] 叶涛.反机场跑道布撒武器子弹散布规律与毁伤效果评估技术研究[D].南京:南京理工大学,2018.

[86] 齐振伟.反机场跑道串联随进弹终点效应的实验研究与数值模拟[D].长沙:国防科学技术大学,2007.

[87] 彭正午.刻槽参数对预控破片战斗部杀伤威力的影响研究[D].南京:南京理工大学,2013.

[88] 刘怡昕.子母弹射击效力与使用分析[M].北京:兵器工业出版社,1992.

[89] 何益艳,高欣宝.外军集束弹药技术手册[M].北京:国防工业出版社,2016.

[90] 廖海波.非旋转子母式弹药抛撒技术研究[D].南京:南京理工大学,2009.

[91] 宋海博.航空子母弹囊式抛撒内弹道仿真及散布规律研究[D].哈尔滨:哈尔滨工业大学,2019.